鄂尔多斯飞播治沙

闫　伟　王阿萍　贾学文　主编

学苑出版社

图书在版编目(CIP)数据

鄂尔多斯飞播治沙 / 闫伟，王阿萍，贾学文主编. — 北京：学苑出版社，2023.10
ISBN 978-7-5077-6798-8

Ⅰ. ①鄂… Ⅱ. ①闫… ②王… ③贾… Ⅲ. ①飞机播种造林－鄂尔多斯市 ②沙漠治理－鄂尔多斯市 Ⅳ. ①S725.72 ②S288

中国国家版本馆 CIP 数据核字(2023)第 201855 号

责任编辑：战葆红
出版发行：学苑出版社
社　　　址：北京市丰台区南方庄 2 号院 1 号楼
邮政编码：100079
网　　　址：www.book001.com
电子信箱：xueyuanpress@163.com
联系电话：010-67601101(销售部)　 010-67603091(总编室)
印　刷　厂：内蒙古掌印文化科技有限公司
开本尺寸：787 mm×1092 mm　 1/16
印　　　张：14.5
字　　　数：230 千字
版　　　次：2023 年 10 月第 1 版
印　　　次：2023 年 10 月第 1 次印刷
定　　　价：128.00 元

编委会名单

顾　问：姚洪林　吕　荣　刘和平　高崇华　刘朝霞

主　编：闫　伟　王阿萍　贾学文

副主编：王丽娜　李振蒙　杜金辉　高秀芳　王瑞平

编　者：（以拼音排序）

巴雅尔其木格　　包龙山　　陈宏伟　　陈培兵　　邓　铭

段　乐　　高　伟　　高羽翼　　郭　跃　　韩　敏　　贺美玲

贾　莉　　靳玉荣　　李　强　　李　鑫　　李泽江　　李治龙

刘成钢　　刘秀峰　　卢立娜　　莫日根高娃　　娜荷雅

那顺吉日嘎拉　　聂　琴　　牛乌日娜　　诺尔金　　任余艳

萨格萨　　萨茹拉其其格　　思彩花　　宋秀敏　　塔　娜

图　拉　　王发启　　王红霞　　王红燕　　王莉娜　　王立洲

吴梓宁　　辛　静　　杨　磊　　于向芝　　袁　亮　　张建军

张　丽　　张晓娟　　张新圣　　张雪荣　　张玉梅　　周子涛

前　言

　　鄂尔多斯地处内蒙古自治区西南部,位于黄河"几字弯"腹地,土地总面积 8.7 万平方千米。在历史的变迁中,水草丰美的鄂尔多斯逐渐变成了风沙肆虐之地,北部库布其沙漠横贯东西,并不断东扩南移,与毛乌素沙地有相连之势,全域土地沙化严重,是中国荒漠化防治攻坚克难之地。

　　艰难困苦,玉汝于成。黄沙漫漫的恶劣环境严重危害着鄂尔多斯人民的生产生活,并且直接影响到京、津和华北地区的环境质量。为了改变生活环境,鄂尔多斯人民从 20 世纪 30 年代就开展造林治沙活动。人工造林是鄂尔多斯防沙治沙、改善生态状况的主要途径,但人工造林成本高,易受立地条件、气候等因素制约。在不断探索符合自然规律、符合地情的特色防沙治沙道路过程中,鄂尔多斯几代人从零基础到掌握一整套飞播造林种草技术,历经了摸索实践、初步试验、中间试验、推广应用、规模生产和研究提升阶段,累计飞播造林种草面积达 92.68 万公顷,为毛乌素沙地和库布其沙漠的治理作出了卓越贡献。

　　在多位老一辈飞播造林种草专家的参与、帮助和指导下,经过各位编者的共同努力,收集整理了鄂尔多斯几代林草人飞播治沙的劳动成果,完成了《鄂尔多斯飞播治沙》编撰工作。本书共 10 章 40 节,阐述了国内外飞播发展的历史与现状,综合分析了鄂尔多斯飞播治沙的自然条件, 总结凝练了鄂尔多斯飞播治沙项目的管理模式与取得成就,系统介绍了鄂尔多斯飞播治沙的地面处理技术、植物种选择及处理技术,翔实阐述了飞播的飞行方式、导航技术以及飞播成苗和成效调查技术,罗列了鄂尔多斯飞播治沙创新技术,综合评价了飞播治沙效益。全书从飞播治沙造林种草发展历史到实践案例,对鄂尔多斯飞播造林种草进行了全面的总结,完整提炼了鄂尔多斯飞播造林技术,既是一部内容丰富的综述书籍,又是一部通俗易懂的技术操作手册,对鄂尔多斯荒漠化防治飞播造林种草具有重要的指导意义,对其他类似地区荒漠化治理具有重要参考价值。

本书的成稿要特别感谢姚洪林、吕荣、刘和平、刘朝霞、周子涛等老一辈飞播造林种草专家的大力支持和帮助。

由于编写经验不足,加之编者水平有限,不足之处恳请读者批评指正。

编　者

2023 年 8 月

目　　录

第三章　鄂尔多斯飞播治沙的管理模式与成就

第四章　鄂尔多斯飞播治沙的地面处理技术

第五章 鄂尔多斯飞播治沙的植物种及处理技术

第七章 鄂尔多斯飞播治沙的飞行导航技术

第八章 鄂尔多斯飞播治沙的调查技术

第九章　鄂尔多斯飞播治沙创新技术研究

第十章　鄂尔多斯飞播治沙综合效益评价

附　　录

参考文献

第一章 飞播发展的历史与现状

　　飞播,就是使用飞机播种造林种草,按照飞机播种造林种草规划设计,用飞机装载林草种子飞行在宜播地上空,准确地沿一定航线按一定航高,把种子均匀地撒播在宜林荒山荒沙上,利用林草种子天然更新的植物学特性,在适宜的温度和适时降水等自然条件下,促进种子生根、发芽、成苗,经过封禁及抚育管护,达到成林成材或防沙治沙、防治水土流失目的的播种造林种草方法。

第一节　国外飞播发展的过程与现状

　　世界上开展飞机播种造林最早的国家是美国、苏联和加拿大。1926 年美国在夏威夷开始飞播造林,1932 年苏联进行飞播造林试验,加拿大也在 20 世纪 30 年代进行飞播。以后新西兰、澳大利亚相继开展飞播造林。进入 60 年代,尼日利亚、芬兰、日本、菲律宾、印度、洪都拉斯、印度尼西亚等国陆续试验成功。截至目前也仅有这 10 多个国家开展飞播造林,经小面积飞播试验取得成功后投入正式生产。国外的飞播造林主要在杂草、灌木少的采伐迹地、火烧迹地、陡峭山坡及矿渣土上进行,采取了严格的植被处理和种子保护措施,主要树种为松类、云杉类、桉类、银合欢、鹅掌楸等。国外除使用固定翼飞机外,大量使用了直升机播种[①]。

　　国外飞播造林发展迅速的直接原因是第二次世界大战结束后,各国把军用飞机和驾驶员转用于农业,农业航空的发展为飞播造林奠定了基础条件。

一、国外飞播造林的发展历程

　　各国飞播造林的规模以美国和苏联最大。据不完全统计,美国从 20 世纪 50 年代到 80 年代累计飞播造林 100 多万公顷。苏联 1935—1941 年共播种 1.3 万公顷,第二次世界大战后到 1951 年又继续飞播并逐年增加,由每年完成 1000 公顷到 4

---

① 余志立.国内外飞播造林概况[J].陕西林业科技,1991(02):14-15.

万公顷,4年播种7.5万公顷。加拿大安大略省1962年飞播560公顷,1978年飞播面积达2万公顷。澳大利亚每年飞播面积在0.8~1.2万公顷,印度尼西亚1972年飞播面积为370公顷,芬兰1953年飞播面积为1000公顷。

直到20世纪80年代后期飞播造林发生逆转,各主要进行飞播造林的国家相继停止。其主要原因一是大面积荒山已绿化;二是有的国家如美国规定林业用种必须使用种子园的种子,价格贵,而飞播造林的用种量大,经济上不合算,数量也难以满足;三是飞播造林成林后林木呈自然分布,不便于机械化疏伐、采伐作业;四是担心种子拌药后播撒会污染环境,当时以杀伤鸟鼠药剂为主,会破坏生态平衡。据林业官员介绍,停止飞播造林主要是由于鸟鼠为害严重、成效不高和成林后密度不均匀。

目前,仍保持飞播造林的有中国、日本和俄罗斯。日本采用飞播造林主要是解决山体岩石裸露和严重水土流失的陡坡绿化问题。全部利用直升机作业,类似于打补丁式的绿化,哪里需要就在哪里补播、补种,做到了因地制宜的精准补植和更新。俄罗斯使用无人机进行空中播种,但是无人机的种类和播种设备的使用,如何在林冠定位等问题仍未解决。当今世界唯有我国仍在大面积地开展飞播造林,其规模之大、范围之广、成效之高、飞播植物种之多,均为世界之冠。特别是被国际专家列为造林禁区的干旱、半干旱地区,利用飞播造林也只有我国取得了成功。据统计,我国累计飞播造林及成林面积,远远超过世界各国飞播面积的总和。

二、国外飞播造林的探索

各国飞播技术由试验、成功到发展,都经历了不断改进、提高和技术进步的探索过程。

(一)探索设立沙障

在沙漠地区采用飞机播种造林的国家,世界上还比较少,真正可以称为飞播治沙的国家唯有苏联,1931年在塔吉克苏维埃社会主义自治共和国境内的乌兹克尔沙地上曾飞播过梭梭和巨野麦,飞播后发现种子被风吹走,只是在机械沙障内,种子分布比较均匀。1935年在半固定沙地飞播黑梭梭,1953年调查时保存率为7.2%。1953—1958年,在中亚细亚乌兹别克斯坦沙地,采用飞机播种和人工播种的梭梭林,保存面积率为6.4%。苏联治沙专家彼德洛夫认为,流动沙地飞播失败的主要原因是种子被吹跑和幼苗遭受风蚀和沙埋。无数实践告诉我们在流动沙地飞播必须预先设立沙障,以保障飞播植物的落种和成活。

(二)探索导航和接种方法

苏联在 20 世纪 50 年代用彩旗扎在高高的杆子上按设计线移动,拐弯处燃放烟火并将灯光信号挂在树梢上,这成为飞机播种最早的导航方式。

检查播种质量则用边长 1 米的胶合板钉成方框,底部钉亚麻布,或用长 20～30 米、宽 1 米的粗麻布铺在地上接种。

(三)探索飞播区选择

苏联 20 世纪 50 年代在沃洛格达州西北部飞播 5200 公顷,每公顷只有幼苗几百株,设计者认为在老采伐迹地、灌草茂密地区,种子难以覆土,不宜采用飞播造林。60 年代,尼日利亚曾用印度楝树种子进行飞播,平均每平方米落种 12 粒,发芽率相当高,但所有苗木都在阳光直射下曝晒死亡,只有天然灌木遮荫的苗木才能度过旱季。因此,他们得出结论:飞播造林不可在完全裸露的山地上进行。

(四)探索播种方式

提高种子成苗率,解决种子发芽阶段的遮荫,减轻风蚀和降低地面温度,美国在俄勒冈州西部新火烧迹地采取大比例的芥菜籽与林木种子混播取得成功,北美黄杉幼苗得以在裸露地表温度高达 60℃ 的情况下发育生长。新西兰为使播种均匀,以辅射松与小麦 1:1 混播,飞播量每公顷 6.72 千克。我国在沙漠地区飞播中出于同样目的,即为目的树种遮阴、降温、减轻风蚀,用沙蒿、籽蒿等草种与杨柴、花棒混播,取得成功,蒿类同样是固沙先锋植物,采种容易,价格低廉,一举数得。

美国从 20 世纪 70 年代末开始,试验用飞机进行成行播种,由奥本大学航天工程系和南方森林试验站合作进行,以保持苗木合理密度及株行距,既节约种子又可减少抚育的工作量,也便于机械采伐。但试验中发现问题较多,受侧风、地形、飞行高度等限制,落种很难成行,只有在航高 10 米的情况下,落种准确率为 57%,仅 1/3 的行数喷撒令人满意。如播撒裸种则需要对飞播区进行全面机械整地,便于种子能落入土壤 0.76～1.5 厘米,由于整地投资过大,同时喷撒设备复杂,未见成功实例及相关报道。

(五)探索鸟鼠害防治

国外在飞播造林中科技投入最大、耗时最长的课题是解决鸟鼠为害种子问题。美国在飞播造林试验阶段,遇到最大的障碍是鸟鼠害。最初的防治方法是派人巡逻,但对鼠类为害仍无办法。1953年,研制出用几种化学药剂涂层种子,用以驱逐鸟类。1965年发现在种子上再加一层杀虫剂,可使种子免遭昆虫和啮齿动物为害,美国渔业和野生动物局花了至少40年的时间,经过大量的连续性的研究,研究出了用毒饵消灭有害动物的方法。这些成果促进了美国大规模飞播造林。

第二节　我国飞播造林的发展过程与现状

一、我国飞播造林的发展历程

我国的飞播造林工作受到党中央和国务院的高度重视。党和国家领导人十分关怀飞机播种,种树种草工作。

20世纪50年代,在毛主席发出"绿化祖国"的伟大号召下,陶铸同志提出:"可不可以用飞机播种",广东省林业厅与中国人民解放军广州军区空军合作,于1956年3月在广东省吴川县首次进行飞播造林试验,虽然失败了,但拉开了我国飞播造林的序幕,为日后飞播造林的大力推广提供了宝贵经验。

(一)尝试试验期

从1958年开始,国内先后在甘肃、四川、青海、陕西、内蒙古等省(自治区)开展了飞播造林试验,全国大面积的飞播试验正式开始。

1959年6月在四川省凉山彝族自治州飞播0.7万公顷云南松首次获得成功,建立了我国第一片飞播林。这一成功为我国大面积开展飞播造林提供了科学依据和成功范例。为发展和推动我国刚刚起步的飞播造林事业树起了一座丰碑。

1963年之后的10年,全面推广四川经验,全国进入试验阶段,马尾松、云南松、黑松、油松、柠条等飞播试验相继成功,飞播区域已由湿润多雨的南方发展到了干旱少雨的北方。

20世纪70年代中期,陕西省榆林市科研工作者在黄土高原首次进行植被重建与恢复大规模科学试验,获取了飞播试验的成功,引起国家有关部委的高度重视,被认为是"开辟了治理黄土高原的新途径"。党和国家领导人邓小平、李先念、方毅等先后做出重要批示,要求在西北地区组织实施。

(二)全面发展期

1978年,在四川省召开第四次全国飞播造林经验交流会和1980年在河北承德召开北方飞播造林、种草经验交流会,对推动我国南北方飞播造林大发展起到了积极的作用。

1978年以后,随着全国工作重点的转移和林业建设的振兴,我国飞播造林进入了新阶段。

1982年邓小平同志在看到林业部《飞播造林情况和设想的报告》后,作出重要指示:"空军要参加支援农业、林业建设的飞行任务,至少要搞20年,为加速农牧业建设,绿化祖国山河作贡献。"从那时起,空军将飞播造林作为人民空军支援国家经济建设、造福社会、造福人民的一项重大战略任务,充分发挥了空军部队政治、装备、技术、人才和突击力强的"五大优势",每年根据地方政府改善生态环境的总体计划和要求,主动申领任务,抽调优秀飞行人员和专业飞机,高标准完成这项重要任务。

1982年11月,中共中央在《全国农村工作会议纪要》中指出:"在辽阔的边疆和大片荒山荒地上,要继续有计划地组织飞机播种,种树种草。"从1983年起飞播造林开始在干旱、半干旱沙地、沙漠大面积实施,飞播治沙工作全面铺开,成效显著。1984年3月1日,中共中央、国务院《关于扎实地开展绿化祖国运动的指示》中说:"在地广人稀,交通不便的地区,要采取飞机或人工撒播树种草籽,以及封山封沙育林育草等方式,加快绿化。"从此,我国飞播造林被正式纳入国家计划,走上了正轨。

(三)科学发展期

1991年7月29日—8月2日,全国治沙工作会议召开,国家领导人向大会致信强调:"我国沙漠地区面积很大,治沙是关系到国计民生的极有意义的大事,是摆在我们面前的一项十分紧迫的任务。"林业部《1991—2000年全国治沙工程规划要点》提出:"我国飞播治沙事业进入科学发展期,要有目的地、最大成效地利用飞播造林。"1992年4月,在内蒙古呼和浩特市召开飞播治沙座谈会,与会领导和专家们肯定了35年来的飞播成绩,明确了我国今后飞播治沙的发展方向和任务,为我国飞播治沙事业的不断发展起到了积极的推动作用。

1993年9月24日—28日,经国务院批准,全国防沙治沙工程建设工作会议在内蒙古赤峰市召开。时任中共中央总书记江泽民、时任国务院总理李鹏在致大会的贺信中强调:"希望沙漠地区广大干部群众,继续发扬艰苦奋斗、坚韧不拔、开拓进取精神,为开创我国防沙治沙工作的新局面而努力奋斗。"时任国务院副总理朱镕基打电话对防沙治沙工作提出殷切希望。国务委员、全国绿化委员会主任陈俊生出席会议并讲话。

1996 年 10 月，在北京召开了中国飞播造林 40 年大会，对我国飞播造林工作进行了系统分析和总结。截至 1998 年，中国飞机播种造林完成总面积 2232 万公顷，成林面积 77 万公顷，占人工林保存面积的 1/4，使全国的森林覆盖率提高了近一个百分点。

飞播造林是加快我国造林绿化的重要途径，是国家生态建设中快速恢复和扩大森林植被的低成本、高效益造林方式，是重要的植被恢复手段，是荒漠化防治重要举措之一。

(四)快速发展期

进入 21 世纪，天然林保护工程、京津风沙源治理工程等一批防沙治沙国家重点工程实施以及一系列生态建设举措，为我国飞播工作快速发展提供了基础保障，飞播已经成为我国荒漠化治理的重要举措。一是形成有关部门通力合作机制。多年来，民航、空军、财政、公安、气象等部门在飞机调用、航空管理、资金安排、安全保障、天气预报等方面密切配合，为我国飞播事业健康发展提供了有力保障。二是实用科技成果大范围推广。随着我国飞播造林的逐步开展，各地研究探索、推广应用了种子和地面处理、树种配置、飞播导航、飞播区经营等一批实用科技成果，有效提高了飞播造林成效。2005 年飞播造林成效达到了 43.9%，比 2002 年提高了 12%。三是典型示范带动效果显著。"九五"期间，林业部在全国不同类型区选择 9 个县开展飞播造林示范建设，规范了计划、资金、组织、检查验收等管理，为飞播造林和经营探索了新路子，有效带动了全国飞播造林科学发展。四是政策法规和技术规程有力支撑。国家和地方政府颁布了一系列生态建设的相关技术规程，如《飞播造林技术规程》(GB/T 15162-2005)、《国家天保工程营造林管理办法》，内蒙古林业厅印发的《关于进一步加强封山(沙)育林、飞播造林工作的意见》等。

二、我国飞播治沙的现状

我国现有沙化土地 170 多万平方千米，亟待治理的沙区治理难度更大，其中绝大部分分布在交通不便、人口稀少的偏远沙漠地区，成本更高。据统计，我国有 53 万平方千米的沙化土地是可以治理的，如果按目前每年治理 1717 平方千米的速度计算,尚需要 300 年的时间,我们需采取超常规的做法,飞播造林种草治理沙漠的技术措施,是一种跨越式的发展模式。飞播造林是适合我国国情的多快好省的造林绿化方式,经历了试验、成功、大面积推广、持续发展等过程,飞播造林区域逐渐由东南部向西北、中西部转移,飞播植物种类经历了由单一向针、阔、灌、草混播的发展。飞机播种造林种草治沙已经充分显示出它的优越性。加快飞播种草和飞播造林进程是我国的一项重要国策,也是摆在我们面前的一项重大战略任务。

我国政府十分重视治理沙漠和防止土地沙漠化扩大的问题。国家领导人多次强调"搞好防沙治沙,应成为我国改善生态环境,保障农牧业生产,促进'三北'地区经济发展的一个重要的组成部分"。2000 年以来,国家相继制定颁布了《防沙治沙法》《环境影响评价法》《森林法实施条例》等法律、法规,修订完善了《草原法》,下发了《国务院关于禁止采集和销售发菜 制止滥挖甘草和麻黄草有关问题的通知》,构建了完整的法律和政策体系,出台了一系列惠农治沙政策措施,有效保障了防沙治沙的顺利进行。

1991 年,全国绿化委员会和林业部发文,明确了治沙工程的总体布局:"治沙工作从我国的国情出发,因地制宜,量力而行,分类指导;今后以西北、华北、东北西部万里风沙带为主线,以保护、扩大林草植被和沙生植物为中心,建设防、治、用有机结合的治沙工程体系;当前,要以治理沙漠化土地为重点,围绕恢复土地资源和合理开发利用进行综合治理,逐步缩小沙漠化土地面积。"

进入 21 世纪以来,国家启动实施了六大林业重点工程、草原保护和建设工程、水土保持项目、内陆河流流域综合治理项目等一批有关防沙治沙的工程项目。自 2001 年以来,年均治理沙化土地面积达 192 万公顷,为实现沙化土地整体好转发挥了重要作用。

2005 年《中国荒漠化和沙化状况公报》数据显示,"我国荒漠化和沙化整体扩展趋势得到初步遏制,主要是党中央、国务院高度重视荒漠化和沙化防治工作,采取了一系列行之有效的政策和措施,是地方各级党委政府真抓实干,广大人民群众艰苦奋斗的结果"。

纵观我国北方沙漠地区的生态建设及今后治理,飞播治沙必将成为防沙治沙的主要技术措施和途径,任务是越来越艰巨。正像《中国荒漠化和沙化状况公报》所描述的那样："沙化土地治理难度越来越大。"几十年来，按照"先易后难、先急后缓"的治理原则，遵循自然规律，因地制宜，采用生物和工程措施综合治理，人工恢复与人工促进自然修复相结合，一些条件相对较好，治理相对容易的沙化土地已经得到治理或初步治理。随着防沙治沙的推进，需要治理的沙化土地的立地条件越来越差，难度越来越大，单位面积所需投资越来越高。

目前，我国飞播重点放在了"造"的方面，对大面积飞播林的生长发育规律知之甚少，对其经营管理的研究较少，"管"的力度严重滞后。但是，我们也应该清醒地看到飞播治沙的技术优势，也要看到治理任务的艰巨性，可以说是任重而道远。

第三节　鄂尔多斯飞播治沙的发展过程与现状

一、鄂尔多斯飞播治沙的历程

鄂尔多斯飞播治沙始于 1959 年，历经初期的尝试、初试阶段、中间试验阶段、推广应用、生产和深入研究阶段。

（一）尝试探索阶段（1959—1960 年）

1959—1960 年，伊克昭盟[①]首次在库布其沙漠的中、西段尝试飞播造林 6 万多公顷，3 年后，保存面积率仅有 1%～3%，因成效很不理想，飞播工作中断。那个时期，新中国百废待兴，此时的飞播带有很大的盲目性和随意性，既无资料可参考，又无经验可借鉴。飞播区大多选择在高大流动沙丘地段，所选用的植物种有沙米、柠条、籽蒿、苦豆、梭梭等，播种量 2.25～22.5 千克／公顷。由于没有意识到飞播条件和内在规律，付出了沉重的代价，所有的飞播植物基本上"全军覆没"。

但是，经过两年的初步探索，对于飞机播种取得了一定的经验。1960 年伊克昭盟达拉特旗的展旦召治沙站飞播区，播的几种植物当年发芽率是：籽蒿 25.7%、柠条 10%、苦豆 7%，次年调查发现仅籽蒿有少量保留，其余植物种几乎全被风蚀沙埋。由此可见，虽然都是沙生植物，但在流动沙丘上表现却不同，籽蒿耐性最强，直到现在籽蒿仍然作为固沙先锋植物种在飞播中应用。同时调查发现，在一些平缓沙地，飞播后发芽率高，在大沙垄或新月形沙丘，飞播后却几乎看不到幼苗。这些试验数据和成果给人以启迪，在条件严酷的沙漠上飞播，不是撒下种子就能出苗，要想保证飞播成

---

①伊克昭盟（简称伊盟），2001 年 2 月 26 日，国务院批准撤销伊克昭盟，设立鄂尔多斯市。

苗成效,实现流动沙丘固定,还需要在地面处理、选种等方面进行不断的探索研究。

(二)初试阶段(1978—1982 年)

1977 年 9 月,西北 6 省区治沙座谈会在甘肃省武威市召开,会议上人们又重新提出了飞播治沙的课题。内蒙古自治区林业局根据会议精神,吸取上次飞播的教训,决定先搞试验再推广。

新中国成立初期,伊克昭盟沙漠化进程加快,给农牧业生产、工矿交通和群众生活带来严重危害。虽然伊盟各族人民在植树种草、防治沙害方面做了大量工作,但由于本地区地广人稀、劳力缺乏,加之自然因素和人为因素的影响,致使绿化速度仍赶不上沙化速度。为了更好地治理流沙,加速沙区建设,改善农牧业生产条件,实现生态环境良性循环。1978 年,伊克昭盟率先开始试点工作,由伊克昭盟林业研究所、伊金霍洛旗新街治沙站联合成立了飞播治沙试验组,在伊旗台格庙毛乌素沙地进行飞机播种试验。中国林业科学研究院林业研究所、中国民航总局科研所、内蒙古林学院、内蒙古林业科学院等科研院校也委派科研人员参加试验。

本次试验吸取了 1959—1960 年飞播失败的教训,参照陕西省榆林地区成功的经验,本着先易后难的原则,在水热条件较好,沙丘比较平缓的沙地开始试验。1978—1982 年初试阶段飞播试验面积累计达到 1590 公顷,对影响飞播成效的主要环节,包括飞播区的选择、不同植物种表现、播种时间、播种量、播种方式、飞播区管护等方面进行了广泛的研究和试验对比。1982 年飞播成苗率达 45% 以上,成效调查苗木保存面积率达 36% 以上,还有 10% 以上的萌蘖苗、种子更新苗,杨柴平均高 165 厘米,播区 3—5 年已由原来的流沙地演变为固定和半固定沙地,成为杨柴、籽蒿种源基地和优良牧草的人工打草场,飞播治沙试验在毛乌素沙地初步取得了成功,效果较好。

(三)中试阶段(1983—1987 年)

1983 年,为进一步验证飞播治沙试验取得的一系列技术指标的可靠性,为伊克昭盟大面积开展飞播治沙提供科学依据,由内蒙古林业局批准"伊盟毛乌素沙地飞播造林种草治沙中间试验研究"立项,开展为期五年的飞播治沙中间试验,试验范围从年均降水量 300～400 毫米的沙漠地区开始,扩展到年降水量 200 毫米左右的毛乌素沙地西部及立地条件较差的库布其沙漠东段一小部分,此外,1987 年在东胜市板洞梁乡境内丘陵沟壑区硬梁地试飞播 1 万亩。

1983—1987 年先后飞行作业 32 个飞播区,飞播总面积 2.6 万公顷,其中保存面积率达 40% 以上,达到国家优等标准的播区有 25 个,面积为 2.2 万公顷,占播区总面积的 85%;良好播区 3 个,面积 0.1 万公顷,占播区总面积的 3.85%。截至 1987 年,累计飞播治沙 2.7 万公顷,经 4～5 个冬春风季后,保存面积率 52.8%～59.9%。有苗面积较稳定,植株生长良好,各播区植被盖度达 60%～90%,起到防风固沙作用。中试的成功,为大面积推广做好了技术准备。

从 1978 年"飞机播种造林种草治沙试验"拉开序幕,到 1988 年《伊盟毛乌素沙地飞播造林种草治沙中间试验研究》项目结束,验证了"飞机播种造林种草治沙试验"项目所取得的各项技术指标的可靠性,同时又在适宜飞播范围、飞播立地条件类型、适宜混播植物种以及播期、播量上有了创新和突破,研究总结出了成套的飞机播种先进技术,居当时国内先进水平。

飞机播种造林具有功效高、成本低,便于在人工造林困难的地区大面积造林的特点。鄂尔多斯系统性飞播技术体系,成功地将原来寸草不生的流动沙丘变成了固定沙地和优良的打草场。该成果在鄂尔多斯地区及周边沙区得到广泛应用和大面积推广,为后期鄂尔多斯飞机播种提供了理论依据。

(四)推广应用阶段(1988—1992 年)

经过 10 多年的初试、中试,鄂尔多斯飞播治沙技术日趋成熟,总结出了不同沙区类型区的配套技术。经内蒙古自治区林业局批准,"推广应用'飞机播种造林治沙技术'治理毛乌素、库布其沙漠(地)技术"项目列入推广计划。

1988 年,飞播造林治沙全面进入大面积推广应用阶段,到 1993 年 6 月,全市推广飞播造林面积 7.2 万公顷。1991 年全国治沙工作会议和全区治沙工作会议以后,鄂尔多斯市的飞播造林治沙步伐进一步加快,仅 1992、1993 年两年完成飞播造林 4.8 万公顷,是前 15 年飞播总面积的 48%。3—4 年后播区平均保存面积率达到 63.3%,最高达到 85%,飞播区昔日的流沙已趋于固定和半固定,成为采种基地和优良牧场,产生了良好的生态效益和明显的社会、经济效益。在飞播治沙工作中,鄂尔多斯贯彻了"巩固现有、稳定发展、播管并重、讲求实效"的方针,使飞播治沙工作沿着试验—中间试验—推广应用这样一条"科技兴林"的路子,由点到面、全面铺开,为加快治理沙漠的步伐,开辟了行之有效的新途径,使飞播治沙这一现代化技术在全市大面积推广应用,为全市防风固沙、保持水土、建设植被做出了突出的贡献。推广项目获国家、自治区和市级多项奖励。

　　1990年,北方飞播治沙协作会年会在伊克昭盟召开,外省区的同行对伊克昭盟的飞播治沙成就给予了充分肯定,这对全区的飞播事业起到了推动作用。此时,飞播造林无论是成苗还是成效都有了技术保障,作业设计、审批程序、成苗调查、成效调查、评比奖励、档案建立也有明确的规范和标准,管理经验形成体系,实施运行上已形成较完善的模式。

图1-1　早期飞播现场(王丽娜提供)

图1-2　早期飞播现场(王丽娜提供)

（五）生产阶段（1993 年至今）

随着科技进步的快速发展，飞播事业取得了长足进步，飞播治沙技术也得到了显著提高。已经由"必然"阶段走向"自由"发展时期。飞播治沙已突破了高大流动沙丘的禁飞限制，真正进入飞播治沙的迅猛发展时代。

1993—2000 年为初步规模化生产阶段，共飞播治沙 17.8 万公顷。2000 年，国家重点工程——天然林保护管理工程一期启动，鄂尔多斯市进入大规模飞播造林治沙生产阶段，全市各旗区均积极开始飞播造林治沙工程，2000—2010 年实施各项国家工程飞播造林治沙 63.0 万公顷，占全市造林总面积的 33.3%。2011—2020 年实施各项国家工程飞播造林治沙 12.9 万公顷，占全市造林总面积的 11.4%。飞播造林治沙已经成为鄂尔多斯防治荒漠化的重要举措。

蓬勃发展的飞播治沙，促使各项保障措施不断完善。使飞播治沙技术有了新的突破。对于推动我国飞播治沙技术进步和飞播事业的发展具有重大意义。

二、鄂尔多斯飞播治沙的现状

（一）飞播治沙取得实效

随着国家重点工程启动实施，鄂尔多斯飞播治沙步伐进一步加快，飞播治沙技术体系日趋完善，飞播范围不断扩大，鄂尔多斯飞播造林进入了一个全新的发展阶段。据统计，从 1978 年至 2022 年，鄂尔多斯累计完成飞播治沙 92.68 万公顷。播区当年成苗率达 64%～75%，五年成效面积率达 46.5%～56%，绝大部分播区林草覆盖度由原来的 3%～12% 增加到 75% 以上，播区内植被的防风固沙作用进一步凸显，有力地减少了沙尘暴的发生，水土流失面积大幅减少，森林资源显著增加，生态环境明显改善，森林的生态功能进一步发挥，昔日的沙漠得到了有效治理，使鄂尔多斯市的生态状况实现了由严重恶化到整体遏制、大为改观的历史性转变，有力地推动了地方经济的发展。

（二）库布其沙漠、毛乌素沙地情况大为改善

全国荒漠化和沙地监测结果对比显示，2004—2014 年的 10 年间，全市荒漠化土地面积减少 38.7 万公顷，沙化土地面积减少 2.8 万公顷，重度、极重度荒漠化土地面积减少 86.4 万公顷，重度、极重度沙化土地面积减少 70.1 万公顷。近两期监测结果比对显示，五年间毛乌素沙地流动沙丘面积减少了 29.1 万公顷，重度和极

重度沙化土地面积减少了 41.9 万公顷，植被盖度大于 60% 的面积增加了 18 万公顷。库布其沙漠流动沙丘面积减少了 3.3 万公顷，重度和极重度沙化土地面积减少了 7.7 万公顷，植被盖度大于 60% 的面积增加了 10.4 万公顷，飞播治沙成效显著。

图 1-3　毛乌素沙地飞播成效（闫伟拍摄）

图 1-4　库布其沙漠飞播成效（闫伟拍摄）

干旱荒漠区飞播治沙的成林总面积不断增大，标志着应用飞机播种造林种草治沙这种机械化途径的巨大成功，它以省时、省力、快速、低价的优势逐步被沙漠地区各级领导和群众所认可，并广泛应用，对西北地区荒漠区的绿化，加速沙漠地区植被建设,恢复生态平衡,促进经济、社会可持续发展,有着非常重要的意义。

通过多年的实践,鄂尔多斯飞播治理毛乌素沙地、库布其沙漠取得了很大进展和显著成效,昔日狂风肆虐的滚滚黄沙,现已变成生机盎然的片片绿洲,形成了林草相结合的防护体系,有效地控制着风沙的危害,保证农牧业生产的正常进行。

(三)全市飞播治沙任务情况分析

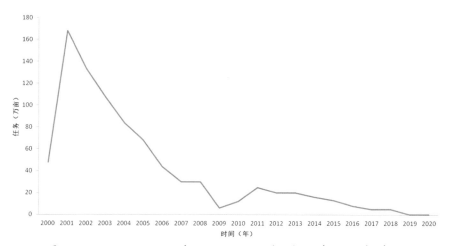

图1-5 2000—2020年天保工程飞播造林建设任务情况

从图1-5可以看出,自2000年开始实施天保工程,鄂尔多斯市的飞播治沙任务一直维持在较高水平,截至2015年,基本上每年可以完成20万亩飞播任务。从2016年开始,全市飞播任务逐年递减,2020年飞播任务为零。

目前,鄂尔多斯市可以大规模实施飞播的地块较少,多为远沙、大沙及人迹罕至地方。究其原因,一是自2000年开始,鄂尔多斯市确立了建设"绿色大市、畜牧业强市"的目标,出台"禁牧、休牧、划区轮牧"等生态保护与建设的基本政策,政府、企业、农牧民积极参与,生态建设力度大跨步前进,全市生态状况不断改善;二是经过多年治理,库布其沙漠治理率达到25%,毛乌素沙地治理率达到70%,鄂尔多斯已经从"沙进人退"转变为"绿进沙退"。库布其沙漠和毛乌素沙地适宜飞播地块已经全部完成飞播治沙造林。

按照"山水林田湖草沙"综合治理要求,合理开发利用沙漠资源,是维持生态平衡和生物多样性的必然要求。截至2020年,毛乌素沙地仅仅剩下核心地带高大沙区,难度较大,成活率低;库布其沙漠适飞区域已经全部完成飞播治沙造林,库布其沙漠西段和高大沙区以及核心区除剩余一部分预留沙漠开发以外，另一部分立地条件恶劣，人工造林成功率极低，不是飞播治沙理想区域，飞播治沙更是困难。

（四）积极做好鄂尔多斯飞播治沙经验的总结和推广

鄂尔多斯飞播治沙取得的成果证明，飞播治沙是沙漠化及人烟稀少的荒漠地区进行植被建设的新途径和治理模式。这一成果也引起了国内外有关人士的极大关注，在《联合国防治荒漠化公约》第十三次缔约方大会期间，世界各地荒漠化治理专家、学者称赞，鄂尔多斯飞播治沙开创了一条治理沙漠、建设草原的绿色之路。先后有数十个国际组织、200多位各国专家前来参观考察飞播治沙。联合国粮农组织高级官员，在参观内蒙古自治区鄂尔多斯市飞播治沙的成效后曾表示："应该请中国的飞播专家到非洲去治沙。"做好鄂尔多斯飞播治沙经验的总结、传播和推广，让更多的人享受生态建设的成果是鄂尔多斯飞播治沙工作的未来方向。

2022年探索实施直升机吊桶飞播治沙，将开启鄂尔多斯飞播治沙新的里程碑。未来飞播造林将充分发挥其速度快、灵活、省工省时的特点，持续推进库布其沙漠、毛乌素沙地的治理，巩固沙化土地治理成果，逐步恢复稳定的荒漠生态系统。一是研究小沙区域治理；二是飞播失败地块复飞及还有一定飞播治沙空间的治理；三是人工造灌木林沙地上飞播草种等。进一步精准服务于提升森林草原质量，改善生态环境，提高森林、草原生态系统稳定性。

第二章 鄂尔多斯飞播治沙的自然条件

鄂尔多斯市位于中国北疆内蒙古自治区西南部,西、北、东三面黄河环绕,地处干旱与半干旱过渡地带,地貌复杂多样,境内北有库布其沙漠,南有毛乌素沙地,东部为丘陵沟壑区,西部为硬梁区。全市土地总面积8.7万平方千米,荒漠化土地面积7.89万平方千米,占全市土地总面积的90.7%,年均降水量100～400毫米,蒸发量为2000～3000毫米,年平均风速3.0～4.3米/秒。植被以旱生、沙生植物为主,生物多样性较差,林草结构简单,生态系统非常脆弱,是自治区乃至全国沙漠化和水土流失较为严重的地区之一。恶劣的生态状况,不仅严重影响老百姓的生产生活,也制约着地区经济社会发展,且严重威胁着华北和黄河下游地区的生态安全。

第一节 飞播治沙是鄂尔多斯的历史选择

一、风沙肆虐的鄂尔多斯

早在3.5万年以前的旧石器时代,古河套人就生活于萨拉乌苏河(今乌审旗无定河)流域森林草原环境中。古鄂尔多斯气候温暖湿润,生长着茂密的松柏大森林和广袤的灌木林,河流湖泊遍布,草木茂盛,鸟兽栖息繁衍。到封建社会时期,开始向鄂尔多斯地区迁徙人口,伐林垦殖,加上战争毁坏,森林火灾,封建王公筑宫室、建召庙等原因,原始森林日趋减少。到了近代,毁林垦殖、乱砍滥伐,大面积森林破坏殆尽,昔日繁茂的天然林木所剩无几。史料记载,从秦汉到民国时期两千多年间,鄂尔多斯地区经历了三次大规模开垦。第一次是秦汉时期,大规模内地移民到鄂尔多斯开垦农田和屯兵军垦,使地区总人口增加到55万人,其中农业人口达到42万人以上,导致到公元5世纪出现积沙(即库布其沙漠和毛乌素沙地雏形)。第二次是唐代,大量民垦和军垦大大超越了自然条件所允许的限度,使环境质量进一步下降,形成较大的沙丘地带,风大沙多,以致到公元822年流沙将大夏都城(统万城)包围。第三次是清末和民国时期,清政府实行"开放蒙荒"和"移民实边"政策,1902—1908年6年内开垦土地近15.86万公顷;民国时期,绥远省垦务局仅1915—1928年就在鄂尔多斯开垦牧场11.56万公顷,从1902年至1932年放垦30年间,共开垦26.66万公顷;1942年国民党政府为解决军粮和税收,在鄂尔多斯又开荒6.66万公顷,成陵的"禁地"也被开垦耕种。到新中国成立时,全市森林覆盖率仅有0.6%左右。

经历了多次垦荒期,加之长期粗放式的畜牧业发展模式,鄂尔多斯一度处于风沙肆虐的环境,每到春季风大沙大,常常沙尘暴肆虐,严重危害着当地农牧民的生产生活,并且直接影响着包括京、津在内的华北地区的环境质量。

(一)土地生产力降低

据中国科学院兰州沙漠研究所对鄂尔多斯地区沙漠化情况的调查,梁地无防护措施的旱地上,每年表土层被吹失5~7厘米。若以平均吹失6厘米计算,则每亩土地每年损失有机质518千克,相当于优质厩肥2589千克;氮氯素损失25.8千克,相当于过磷酸钙183千克;小于0.01毫米的黏粒损失2600千克。一处撂荒12年的弃耕地土壤自然含水率仅为未被破坏的固定沙地的50%,毛管持水量和饱和持水量分别为83%和88%,有机质含量为66%。土地沙漠化使鄂尔多斯地区土壤肥力减退,土地生产力明显降低。

(二)可利用土地面积缩小

流沙不断扩张和蔓延,使可利用土地面积缩小。中国科学院兰州沙漠研究所沙漠化考察队对鄂尔多斯地区1957年和1977年两年的航片比较发现,20年间,流动沙丘和半流动沙丘平均每年增加5.6万公顷。

(三)对农牧业生产的影响

由于沙化风蚀,土地生产力下降。20世纪60—70年代,伊克昭盟粮食平均亩产量仅27~40千克。不少地方因风沙灾害,每年要毁种和补种2~3次,有时甚至达5~6次。1964年,全盟因受风沙而毁种的农田达15.3万公顷。到了沙化最严重的70年代,全盟近60%的土地沙化,1/5的农田基本没有收成。土地沙化同样造成牧场面积缩小,草场质量变劣,牲畜数量、商品率、出栏率及肉乳、绒、毛产量显著下降。1956 年,全盟大牲畜头数为 54.6 万头,到 1980 年下降到 29.9 万头,比 1956 年减少了 44%,其中牛的数量减少了 70%。

（四）对生产和生活设施的危害

由于流沙移动,常使交通受阻,水库、水井、渠道等水利设施被埋压。1985 年全盟有主干公路 420 千米,每年遭沙害的竟达 100 多处。东胜至乌审旗沙尔利格苏木公路有 39% 为强度沙害地段,1980 年 4 月 18—19 日两天大风,该公路中断行车 20天。鄂托克旗从 1950 年至 1977 年,被埋压的水井 1438 眼、房屋 2203 间、棚圈 3312间,有 698 户农民被迫迁徙他乡。

（五）对环境的污染

大风袭来,细粒物质被吹扬,大气中粉尘杂质增多,特别是沙尘暴和扬沙天气,空气变浑浊,环境质量降低,使人畜健康受到影响,严重危害着农牧业生产和人民群众的生活,直接影响着包括京、津、唐在内的华北地区的环境质量。

（六）对黄河的影响

鄂尔多斯地区注入黄河的大沟川,由于雨季降水集中,常造成山洪暴发使水土严重流失,每年向黄河输入泥沙 1.6 亿吨,危害程度十分严重。1961 年 8 月 20—23日,达拉特旗南部的一次暴雨,各孔兑（"孔兑",蒙古语,汉语译为"山洪沟",其实就是季节性河流。鄂尔多斯有十大孔兑,全都是自南向北,流经库布其沙漠,最终汇入黄河。这些孔兑平时没有水,到了降雨充沛的夏秋时节,就会暴发山洪,引发灾害。）出现较大洪峰,巨大的山洪通过库布其沙漠,携带大量泥沙冲向黄河,造成达拉特旗北部平原的四村到吉格斯太 10 个乡 97 个村 2 万多农户严重受灾,所有水利设施被山洪洗劫一空,损失巨大。这些泥沙输入黄河及沿河滩地,埋压农田,淤积河道,严重威胁着黄河沿岸人民群众的生命财产安全。

二、大面积人工造林的优势与弊端

人工造林是鄂尔多斯市防沙治沙、治理水土流失、改善生态状况、扩大森林面积、增加森林覆盖率的主要途径,在生态建设、荒漠化防治方面有着显著优势。人工造林可根据具体立地条件,通过科学选择树种、造林密度、混交方式等实现适地适树,做到因地制宜、以水定树,且人工造林生态建设质量高、速度快,基本可实现造一片见效一片。但人工造林成本高,受立地条件和气候影响较大。

新中国成立初期,鄂尔多斯市人工造林以国有场站为主,集体和个人为辅。由于缺少苗条,造林以直播造林和老枝条插条造林为主,造林质量差,林木生长量低。到 20 世纪 70 年代,特别是 1978 年实施"三北"防护林体系建设工程后,全市造林速度开始加快,质量明显提高。80 年代初,全市将"五荒"地划拨到户经营,宜林地也分配到户,并将造林方针调整为"国家、集体、个体一齐上,以个体造林为主",全社会治沙、造林的积极性显著提高。特别是进入 21 世纪以来,全市人工造林范围、速度、质量得到了全方位提升。这时期人工造林主要采取了以下技术措施:一是全面应用抗旱造林技术,推行"五不造林,两不验收",即不整地不造林,种苗不达标不造林,直播种子不包衣、不丸化不造林,植苗苗条不全程保湿不造林,造林措施不到位不造林和幼林地不抚育不验收,不营造混交林不验收。二是采用乔灌、针阔混交方式,采取梁地点缀油松,沙地点缀樟子松等措施,优化林分质量,提高生态效益和景观效应。三是采用反季节避旱造林技术,建立冷藏贮苗窖集中贮苗,等雨造林。四是全面推广机械造林,造林面积达到 70% 以上。五是造林环节把好五道关口,即林业政策落实关、作业设计关、种苗质量关、造林技术关、检查验收关。通过系列管控措施的应用,鄂尔多斯人工造林技术有了大幅提升。

虽然鄂尔多斯人工造林成绩显著,但仍然存在一些问题,主要表现在:一是人工造林成本相对较高,20 世纪 50—80 年代社会经济发展相对落后的鄂尔多斯地区,靠地方财力大面积开展人工造林难度较大。二是人工造林受立地条件和气候影响较大。鄂尔多斯处于干旱、半干旱过渡地区,降水少、生长季短,绝大多数宜林地自然条件较差,大面积人工造林难度大,且存在着水资源承载力不足问题。三是造林树种的单一性决定了生态系统的不稳定性。鄂尔多斯自然植物种本身比较单一,树种选择余地小,建立起的林分人工纯林居多,缺乏物种多样性,所以鄂尔多斯地区的人工林生态系统稳定性差。四是人工林建设与经济发展的矛盾决定了人工林建设的反复性。从生态安全角度出发,人工林需建立,生态需保护,但农牧民要生存,农村经济要发展,土地使用中出现的争议长期存在,经常出现造林后管理困难,反复建设的"无奈现象"。

三、飞播治沙技术趋于成熟

我国飞播治沙从 20 世纪 50 年代开始尝试,逐渐由试验成功进入示范推广到大面积生产阶段,我国飞播治沙在技术上也取得了突破性进展,飞播的地域范围不断扩大,由四大沙地扩展到腾格里沙漠东南缘、库布其沙漠东段、古尔班通古特沙漠边缘、乌兰布和沙漠南线等;在植物种上,又筛选出籽蒿、杨柴和花棒等优良固沙植物,飞播成效也逐年提高。飞播治沙所取得的新成绩、新进展,标志着我国飞播治沙工作又迈上了新的台阶。生产阶段飞播造林主要有以下特点:

第一,飞播植物种进一步丰富。

由起初的籽蒿、沙打旺、草木樨发展到杨柴、柠条、花棒、沙拐枣、沙冬青、沙米、草木樨状黄芪等多种植物混播,增加了播区植物多样性,提高了植物群落的稳定性。

第二,规划预备播区,尝试二次飞播造林。

针对高大沙区当年飞播治理较为困难的实际情况,在飞播前一年先行封禁作为预备播区,播区内的天然植物如沙米等自然恢复较快,形成天然沙障,第二年可提高飞播成效,又可降低飞播成本;或者第一年先飞播籽蒿等先锋植物,起到沙障保护作用,第二年再飞播杨柴、柠条、花棒等目的树种,成效显著。

第三,推广应用飞播造林三大配套技术,即种子处理技术、GPS导航技术、播区地面处理技术。

第四,飞行作业措施,主要采取分种装机、交叉作业、GPS导航作业轨迹电脑评价等措施。

四、飞播治沙的优势

飞播具有省时、省力、省工、省资金、不受地形限制、见效快的优势,是鄂尔多斯市大规模国土绿化、防沙治沙的主要措施之一。

第一,速度快,省劳力。飞机播种可大幅度提高劳动生产率,能在短期内完成大面积飞播治沙任务,实现流动沙丘固定。

第二,飞机活动范围广,能深入偏远沙区作业。鄂尔多斯市沙漠和沙地多处在交通不便、人烟稀少的地区,人工治理难度非常大。飞机能深入沙区腹地和大沙、远沙地带播种,适合鄂尔多斯市实际和当时的生产力发展水平。

第三,成本低,投资少。飞播治沙成本的高低与种子价格、播种量以及机场距离播区远近有密切关系。在飞播投资中,种子费约占70%,飞行费、地面处理费及其他费用约占 30%。与人工造林相比,飞播可减少投资 43%～50%,并能在短期内成林成草控制流沙,改变生态环境。

第四,飞播治沙面积大,效果好。飞播治沙有严格的规划设计和科学的作业方式,防风固沙效果非常显著。

多年来的飞播实践证明, 在沙漠地区造林种草, 无论采用哪一种造林种草方法,都有它的局限性。尽管如此,飞播对于地广人稀、交通不便的大面积荒漠化地区来说,仍不失为一种多快好省的治理沙漠、固定流沙的有效方法。

第二节　库布其沙漠

一、基本概况

(一)分布区域

库布其沙漠位于鄂尔多斯台地北部边缘的黄河阶地上, 海拔 1000～1400 米,地势由北向南呈阶梯状抬升。库布其沙漠面积为 1.41 万平方千米,主要分布在鄂尔多斯市杭锦旗、达拉特旗和准格尔旗。

(二)地貌特征

库布其沙漠的沙丘几乎全部覆盖在第四纪河流淤积物上。因下伏地貌、淤积物厚度等不同,沙丘高度、形态和流动程度等也有差异。在河漫滩分布着一些零星低矮的新月形沙丘及沙丘链,高度多数在 3 米以上,移动速度较快;一级阶地沙丘高度 5～10 米不等;一级与二级阶地之间沙丘高大,一般为 10～20 米,最高达 25 米;二级阶地上的沙丘高 10 米以下;二级与三级阶地的过渡区,沙丘高度可达 50～60 米,形态为复合型沙丘;三级阶地上多为缓起伏固定沙丘,流沙较少,呈小片局部分布。流动沙丘占沙漠总面积的 61%,以沙丘链和格状沙丘为主,其次为复合型沙丘;半固定沙丘占 12.5%,有抛物线状沙丘和灌丛沙丘等;固定沙丘占 26.5%,为梁窝状沙丘和灌丛沙堆。固定和半固定沙丘多分布于沙漠边缘,并以南部为主。

由于库布其沙漠自然条件的差异,又可分为西、中、东三段。西段分布于杭锦旗毛布拉孔兑以西。该段沙漠由北、南两支组成,北支由西北向东南延伸,均系流动沙丘,生长一些沙米、绵蓬、沙竹,植被盖度在 10% 以下。南支沙丘比北支低矮,水分条件也较北支好,地下水埋深小于 10 米,以灌丛沙堆为主。沙漠的中段是达拉特旗的呼斯太沟以西、杭锦旗毛布拉孔兑以东的地区,属于半干旱草原栗钙土地带,植被以油蒿、沙木蓼等草原带沙地常见的植物为主。东段西起呼斯太沟,东抵黄河,这里自然条件相对较好,土壤属于淡栗钙土。沙地覆盖在黄河一、二级阶地及滩地之上,流沙之上生长沙米、绵蓬及沙芥,并有零星生长的旱柳和杨树。

图 2-1　库布其沙漠(那顺吉日格拉拍摄)

虽然库布其沙漠植被稀疏,但其组成差异明显,植被分布的地带性特征显著。就整个沙漠植物而言,灌木种为优势植物生活型。据统计,在库布其沙漠有 70 余种灌木分布, 其灌木种类与毛乌素沙地的灌木类群相结合构成了鄂尔多斯高原的独特景观。

(三)气候特征

属典型的温带大陆性干旱季风气候。库布其沙漠东部水分条件较好,属半干旱区;西部降水少,跨入了干旱区。年平均日照时数为 3000～3200 小时,有效积温 3000～3200℃,年平均气温 6～7.5℃,无霜期 135～160 天;年降水量 100～400 毫米,年蒸发量 2100～2700 毫米,干燥度 1.5～4;年平均风速 3～4 米/秒,大风日数 25～35 天。

(四)植被特征

库布其沙漠的植被类型为地带性植被类型,东部为干草原植被类型,西部为荒漠草原植被类型,西北部为草原化荒漠植被类型。

干草原植被类型以多年生禾本科植物占优势,伴生有小半灌木百里香等,也有一定数量的达乌里胡枝子、阿尔泰狗娃花等；西部与西北部半灌木成分增加，建群种为狭叶锦鸡儿、藏锦鸡儿、红砂以及沙生针茅、多根葱等。

草场植物群落以多年生旱生灌木、半灌木、丛生禾草为主，主要植物有油蒿、百里香、本化针菜、丝叶韭、隐子草、大针菜、阿尔泰狗娃花、狗尾草、黄蒿、牛枝子、中间锦鸡儿、狭叶锦鸡儿、冷蒿、黄芩、狼毒、红苞猪毛菜、伏地脏、草原霞草、甘草、苦豆子、塔落岩黄芪、沙蓬、虫实、沙葱、地锦等。

北部河漫滩地分布着大面积的盐生草甸和零星的白刺沙堆。流动沙丘上很少有植物生长，仅有沙丘下部和丘间地生长有籽蒿、杨柴、沙木蓼、沙米、沙竹等，流沙上有零星沙拐枣分布。

在库布其沙漠腹地，沙丘逐渐被固定的地方，植被也逐渐向地带性方向演化。半固定沙丘东部以油蒿、柠条、沙柳、沙米、沙竹等为主；西部以油蒿、柠条、霸王、沙冬青为主，伴生有刺蓬、虫实、沙米、沙竹等。固定沙丘东、西部都以油蒿为建群种；东部还有冷蒿、阿尔泰狗娃花、甘草等，牛心朴子也有一定数量。由于库布其沙漠处于台地与阶地分界线上，又因干草原与半荒漠将其分为东、西两部，所以该沙漠的土壤、植被呈现曲线性、过渡性、多样性和复杂性的特色。

（五）土壤类型

库布其沙漠东、西部的土壤差异十分明显，东部覆沙下为地带性土壤栗钙土，西部则为棕钙土，西北部有部分灰漠土。河漫滩上，主要分布着不同程度的盐化浅色草甸土。由于干旱缺水，境内以流动、半流动沙丘为主，使土壤的形成发育和植被的生长演替都受到了极大限制。

库布其沙漠的土壤分布除受生物气候条件的制约外，还受地形、地貌及水文地质条件的影响，因此，土壤的相性分布规律及土壤的地域分布规律，致使库布其沙漠的土壤分布较为复杂。

二、水分条件

库布其沙漠范围内水资源总量为 4.51 亿立方米，占全市水资源总量的19.1%，人均占有量约 1640 立方米。境内十大孔兑年均径流总量 1.55 亿立方米，黄河过境年径流量平均为 247.5 亿立方米。

地表水和地下水均由大气降水补给。过境黄河及十大孔兑只在汛期对地下水有一定数量的补给。大气降水受地理位置和地形地势的控制,因为深居内陆,远离海洋,受海洋气候的影响微弱,故每年降水期仅 3 个月(7—9 月),而且从东向西逐渐减少,形成东部多、西部少,夏秋季多、冬春季少,雷雨多、普雨少的降水特点。

(一)库布其沙漠的地表水资源

库布其沙漠由于降水较少,蒸发量大,地表物质疏松,地表水贫乏,大部分为无流区,在库布其沙漠的东部有发源于高原脊线北侧的几条山洪沟。这些山洪沟都发源于鄂尔多斯高原的第三系及中生界侏罗系、白垩系的砂岩地区。根据 2008 年 6 月遥感影像分析,库布其沙漠中 4 条河流有水流过,总长度为 163.58 千米。这些河流基本均为南北向,呈弯曲带状,河水深浅不一。河流上游河道穿行在山谷之中,两岸地势陡峻,地形侵蚀严重,基岩裸露,小支沟众多,呈扇形河网结构。中游段穿过库布其沙漠,两岸流沙覆盖,发洪水时大量泥沙被冲入下游平原,经常造成农田沙化,甚至直接堵塞黄河,影响黄河行水。山洪顺沟流出沙漠后,进入宽阔的黄河冲积平原,水流分散,河槽不明显。黄河为过境河流,其流经距离为 242 千米,多年平均过境水量 310 亿立方米。黄河在库布其沙漠段河道弯曲,汛期流量可达 1500～3500 立方米／秒。黄河及其支流在总体上是沙漠地表水和地下水的最终排泄渠道。

库布其沙漠中湖泊较少,除哈日芒乃淖尔(盐海子)、查干淖尔等较大的盐碱湖外,在一些低洼地仅有少量小型季节性淡水湖泊。运用软件对 2008 年遥感影像进行统计分析,沙漠中共有 30 个湖泊,总面积为 15.08 平方千米。湖泊形态多呈不规则形状,在沙漠北部中间靠近黄河地带集中成群分布。大部分湖泊周围有白色盐碱地,是湖水减少,湖泊萎缩所致。

(二)库布其沙漠的地下水资源

库布其沙漠位于鄂尔多斯盆地的北部。鄂尔多斯盆地在大地构造上属华北地台西南部,是中生代、古生代大型构造沉积盆地。根据王德潜等的研究,鄂尔多斯盆地地下水按基本的地质结构和赋存特征可分为盆地周边岩溶地下水、白垩系自流盆地地下水和盆地东部黄土覆盖区地下水三个地下水系统。这三个地下水大系统基本独立,各有特色,并存在局部水力联系。

库布其沙漠的地下水主体部分属于白垩系自流盆地地下水系统,含水岩组主要由罗汉洞含水岩组构成。含水岩组为沙砾岩,由泥岩、页岩构成隔水层,因受原始沉积环境和后期侵蚀作用的影响,含水层厚度变化很大,由数米至600米。根据沙漠内部地质地貌和水文地质条件推测,在沙漠内部的一些构造凹地中,也一定有丰富的承压——自流水存在。

整个沙漠中潜水分布广泛,在中部潜水埋藏深度为3~10米,以重碳酸—硫酸—钠—钙型水为主。沙漠边缘的半固定沙丘分布区,潜水埋藏深度不稳定,西部1~3米,向东逐渐变深为3~5米,为重碳酸—硫酸盐型水,矿化度0.2~2克/升,个别地区3~5克/升。沙漠中的许多丘间洼地中,潜水埋藏很浅,在1米以内。有些丘间低地边缘有泉水出露,形成湿地,生长有茂密的植被,是沙漠中的绿岛。沙漠中地下水的循环受地形控制明显,潜水和承压水均以大气降水为主要补给来源,另外凝结水也对潜水和上层滞水有一定补给作用。由于鄂尔多斯高原北部高出黄河侵蚀基准面300~500米,整个沙漠区地下水,除少数潜水在一些沟谷、洼地排出,形成湿地和小海子外,整体运动方向均由南向北,流进黄河平原,最终泄入黄河。

三、飞播治理条件

库布其沙漠具有大面积流动、半流动沙丘,部分区域具备造林种草的自然条件,但由于交通不便、面积辽阔、人口稀少、劳力缺乏,仅依靠人工造林种草难以实现治沙目的,因此在当时的生产力条件下,飞播造林种草成了沙区生态建设的有力措施。

库布其沙漠东西部地形地貌、水源条件、土壤类型各异,其中东部区域基本具备了适宜飞播的条件。库布其沙漠东部土壤以栗钙土为主,但由于干旱缺水,使土壤的形成发育和植被的生长演替都受到了一定限制。鄂尔多斯采取逐步推进、分区治理措施,先从沙漠锁边适宜飞播区域开始逐渐飞播,再沿穿沙公路两侧切块飞播,成功实现了库布其沙漠区域飞播作业。

广大沙区人民有开展飞播造林种草的强烈愿望,且鄂尔多斯党政领导高度重视飞播造林种草,认为飞播造林种草不仅是控制风沙危害的有效措施,而且是造福子孙后代的伟大事业。因此,在飞播造林中多方筹集资金,把飞播治沙列入各级政府工作议事日程。

库布其沙漠飞播区的土地权属和土地利用远景发展规划,播区附近居民点分布,牲畜数量及习惯性放牧地点等均符合大面积飞播要求。

库布其飞播区所在旗区非常重视飞播区的管护和封禁,在有条件的播区,播前或播后建立刺丝围栏,封育林草。对暂不具备条件的地区,采取划片管护办法,逐步推行林业生产承包责任制。

第三节　毛乌素沙地

一、基本概况

(一)分布区域

"毛"在蒙古语中的意思为不好,"乌素"是水,"毛乌素"直译为不好的水。毛乌素沙地位于内蒙古鄂尔多斯高原南部和黄土高原北部区域,跨内蒙古、陕西、宁夏三省(区)。在鄂尔多斯境内的面积为3.18万平方千米,在鄂尔多斯市主要包括乌审旗、鄂托克旗、鄂托克前旗、伊金霍洛旗。

(二)地貌特征

毛乌素沙地是内蒙古第二大沙地。从自然条件看,毛乌素沙地大部分属于鄂尔多斯高原向陕西黄土高原过渡地区,海拔1200～1600米,自西向东南倾斜。沙地的中部和西北部基底以砂岩为主,东部和南部边缘覆盖在黄土丘陵上。其地表形态主要有沙地、梁地和滩地。梁地大多由砂岩构成,上覆不同厚度的沙层,少有裸露。滩地为古冲积层和河湖相沉积物,厚度几十米至百余米。

图2-2　毛乌素沙地(杜金辉拍摄)

沙地中部和西北部基底以白垩系砂岩为主，东部和南部边缘覆盖在黄土丘陵上。在地质历史时期由于地壳变动，这里就形成一系列湖盆洼地，并堆积了厚约100米的第四纪中细沙层。经长期的干燥剥蚀，并有强劲的西北风将古河湖相沙层吹扬、堆积，逐渐塑造了现代毛乌素沙地的地貌形态，即波状起伏、梁滩相间、沙丘与甸子地结合的地貌特征。除部分未被沙丘覆盖的梁地黄土外，多呈现河谷阶地，下湿滩地，沙丘、湖泊交互排列的独特景观。流动沙丘按沙丘的发育程度划分为格状沙丘、新月形沙丘及沙丘链等类型，沙丘高度一般为1~20米。

（三）气候特征

毛乌素沙地的水热状况属于温带半干旱与干旱区较优越的过渡地带的气候类型。东部为半干旱区，西部为干旱区，东、西部水热差异明显。夏秋东南季风常带湿润气流，使该区年均降水量东部达400毫米以上，西部最低100毫米以下；年蒸发量为2100~2600毫米。干燥度1.6~2.0,年平均日照时数2700~3100小时，有效积温2500~3200℃,年平均气温6~8℃,无霜期130~160天。

（四）植被特征

毛乌素沙地植被以油蒿群落、柳湾林的沙生和草甸植被类型为主。固定沙丘以含杂草类的油蒿群落为主，盖度40%~50%,构成了该区的一大特色。当草场退化或沙化时，具黑色花的牛心朴子则大量侵入，可作为土地沙化的一个信息。流动沙丘的植被盖度一般小于10%,主要由沙生先锋固沙植物组成。

毛乌素沙地植被的建群种有油蒿、沙柳、乌柳及臭柏等。柳湾林是毛乌素沙地特有的天然植被群落，由沙柳、乌柳和醋柳组成，是该沙地的特殊景观。主要分布的地貌部位是梁地与滩地的过渡地段、固定沙地和半固定沙地的边缘、河流二级阶地的滩地边缘、淡水湖沿岸的流动沙地和固定沙地及半固定沙地的沙丘间低地。油蒿半灌木群落，以油蒿为主要建群种，是鄂尔多斯高原主要分布区的植被次顶级群落，是干旱、半干旱沙质环境中的一个相当稳定的建群种，它可以生长在该区不同地貌形态的沙地上。伴生植物有甘草、沙竹、沙生冰草等。沙地柏常绿灌丛是毛乌素沙地沙生植物演替系列达到高级稳定阶段的代表类型之一，林下土壤已达到了风沙土发育的顶级阶段，属疏林沙土。由于沙地柏地上分支密集，根系发达，对风沙土起到了良好的固着作用，同时也限制了一些草原植物的侵入和定居，只在灌丛空隙中有少量中旱生植物生长。

（五）土壤类型

毛乌素沙地的土壤由地带性与非地带性土壤交错分布。东部覆沙梁地、固定和半固定沙地，栗钙土发育充分；西部以砂岩为基底的硬梁地，棕钙土发育充分；西南部有范围很小的灰钙土。沙地境内风沙土占绝对优势，地带性分布有盐碱土、草甸土等。盐碱土以西部和中部的大片低湿草滩地和天然盐碱池边缘地为主；草甸土常与沼泽土呈复域分布，零散在低湿草滩的中心和局部洼地及河谷低湿地上；风沙土基质为沙土或细沙粒，结构疏松、肥力低、保水力差、易起风沙。地带性与区域性土壤相向排列，分布较广的硬梁地、丘间地、河谷阶地等，为牧、林、农业生产提供了丰富多样的土壤类型。

二、水分条件

毛乌素沙地水分条件优越，地表河流东南部较多，主要有无定河、纳林河、海流图河、乌兰木伦河等，还有许多汇集沙区泉水而形成的小河流。地下水也较丰富，丘间地一般埋深1～3米，个别地段小于0.5米。毛乌素沙地有大小湖泊170多个，除西部少数内陆湖水质较差外，绝大部分水质优良。有许多淡水湖，盛产鲤鱼、甲鱼等。水质较差的内陆湖蕴藏着盐碱、芒硝、石膏等资源，有"盐碱之乡"美称。

（一）毛乌素沙地的地表水资源

毛乌素沙地的河流主要集中分布在沙地的南部，其他大部分地区为无流区。沙地的西北部有黄河一级支流都思兔河，东南部较大的河流有黄河支流窟野河、无定河。

在毛乌素沙地还分布着一些汇集沙区泉水而形成的河流，它们大多汇聚到沙丘间的低洼地形成湖泊，有一些没入地下成为无尾河。沙地中还分布有众多的湖泊，大小有170余个，这些湖泊中大部分为苏打湖（如察汗淖尔、巴彦淖尔、纳林淖尔等）和含氯的盐湖（如盐池）。

（二）毛乌素沙地的地下水资源

毛乌素沙地的地下水属于白垩系自流盆地地下水大系统中北部沙漠高原开启型地下水系统的一部分。地下水相对较为丰富，除浅层地下水外，尚有深层淡承压水——自流水存在。从地下水的分布来看，总体上是东南部较西北部丰富。

三、飞播治理条件

毛乌素沙地处于干旱与半干旱区的过渡地带。该区域地貌特征、气候特征、水资源条件满足飞播造林种草条件。

毛乌素沙地地表为多种风沙地貌类型，流沙和固定、半固定沙丘相互交错分布，还有大面积的平漫沙地。在台地和滩地上大部分覆盖着流动、半固定、固定沙丘和沙地，沙丘高度一般为 5～10 米，比较适宜飞播造林种草。

毛乌素沙地水源条件较好，与西部其他沙漠相比不仅降水较多，而且地表水和地下水都比较丰富。区域水分供应主要来自大气降水、河川与湖泊，以及地下水。沙区以西北风为主，风力强劲而且频繁，在春冬两季尤为明显。沙地在冬季盛行西北风，夏季则盛行东南风，因而这里具有典型的季风气候特点，这些均为飞播造林种草提供了较好的条件。

毛乌素沙地绝大部分地面分布有沙生植被、草甸植被和沼泽植被等隐域性植被，因此隐域性植被组成了毛乌素植被的主体。经过长期的人类活动，如采伐灌木、滥垦、破坏与过度放牧利用等，使毛乌素沙地的自然植被从原来的禾草草原、禾草-小灌木荒漠草原以及湿润处有小片中旱生灌丛，如沙地柏等，逐渐退化为固定和半固定沙丘的旱生、中旱生半灌木和灌木群落，加之风沙土普遍发育逐渐变成光裸的流动沙丘，先锋植物为白沙蒿、沙鞭、沙蓬等，为飞播造林种草提供了天然沙障。

旗区非常重视飞播区的管护和封禁，在有条件的播区，播前或播后建立围栏，封育林草。对暂不具备条件的地区，采取划片管护办法，逐步推行林业生产承包责任制。

第四节　丘陵沟壑水土流失区

一、基本概况

（一）地理位置

鄂尔多斯黄土丘陵沟壑区地处内蒙古阴山以南黄土高原和鄂尔多斯高原过渡区，北连库布其沙漠，西南与毛乌素沙地接壤，西与鄂尔多斯高原草原区相连。黄河流经北面、东面，该段黄河属晋陕峡谷的一部分。

（二）地貌特征

丘陵沟壑区地势从西北向东南逐渐降低，西北的乌兰哈达乡一带海拔达 1585 米左右，东南部黄河谷地的马栅一带海拔仅 820 米。除北部的黄河以及位于其南横贯东西的库布其沙漠外，境内主要为丘陵沟壑区，主要有黄河河谷及其支流小鱼沟、龙王沟、黑岱沟、十里长川、纳林川、清水川、沙梁川（上游为羊市塔沟）、暖水川等沟谷川道。

丘陵沟壑区按出露基岩可以划分为黄河石质谷地、黄土丘陵沟壑区、砒砂岩黄土丘陵沟壑区、砒砂岩丘陵沟壑区、砂页岩丘陵沟壑区。黄土丘陵沟壑区主要分布于准格尔旗的东部和东南部，大致是十里长川以东到黄河谷地，沟谷面积占 30%～40%；砒砂岩 - 黄土丘陵沟壑区主要分布于十里长川流域，沟谷面积占 30%～40%；砒砂岩丘陵沟壑区主要分布于纳林川东侧及其西侧的一些支流地区，如虎石沟、圪秋沟、千昌板沟和尔架麻沟流域下游，沟谷面积占 30%～50%；砂页岩丘陵沟壑区主要分布于准格尔旗西部，如四道柳川、暖水川、清水川、羊市塔川，沟谷面积占 35%～45%。

（三）沟谷的类型

按沟谷横截面形状分为对称的"V"字型沟谷和不对称的"V"字型沟谷。

对称的"V"字型沟谷，这类型沟谷一种是发育在有厚层黄土覆盖的梁、峁坡面上或古洼地，沟底下切远未到达黄土覆盖的基岩，沟谷稳定性差，谷底强烈下切，坡面容易坍塌，水土流失严重，称为对称的黄土（基岩）沟谷；另一种是发育在有薄层黄土覆盖的古梁、峁坡面上，基岩下切较深，沟壁立陡，崩塌现象较多，沟谷侧蚀严重，称为对称的古老基岩沟谷，如对称的砒砂岩沟谷。

不对称的"V"字型沟谷，这类型沟谷主要是在黄土下覆古沟谷或浅洼地上沿着古地形的方向发育形成的。由于黄土在古地形的梁、峁、洼地沉积厚度不同，基岩和黄土抗冲刷力不同，所以水力沿着黄土和古梁、峁面接触带的强烈溯源侵蚀，使靠古梁峁的一面，沟坡陡长，黄土层薄，多数地方甚至基岩出露，称为不对称的古老基岩 - 黄土沟谷，如在砒砂岩区常见的不对称的砒砂岩 - 黄土沟谷、第三纪红黏土出露的黄土丘陵区形成的不对称的红黏土 - 黄土沟谷等。

按照侵蚀沟谷的发育形态、侵蚀特性、演化顺序分为细浅沟、切沟、冲沟（制造平衡剖面阶段)、坳沟。

(四)气候特征

丘陵沟壑区年均气温 6.2～7.2℃,有效积温 2900～3500℃,无霜期 148 天,光能资源丰富、日照充足,大部分地区年日照时数在 3000 小时以上。历年平均降雨量在 379～420 毫米之间波动,最高年达 636.5 毫米(1961 年),最少年仅 142.5 毫米(1965 年),并集中在夏季,6—8 月的降雨量占总降水量的 61%。年平均蒸发量很大,为年平均降水量的 2.7 倍左右。年平均相对湿度 53%～56%,年湿润度为 0.3～0.34。冬春季风力强盛且频繁,年均风速 2～3 米/秒,为典型的半干旱大陆性气候。丘陵沟壑区气温分布与地势高低的变化趋势基本一致,西北低而东南高。西北暖水一带历年平均气温为 6.2℃,中部沙圪堵地区为 7.2℃,东南部马栅一带为 8.7℃。

(五)植被、土壤特征

鄂尔多斯丘陵沟壑区地处暖温性典型草原区,地带性植被为本氏针茅草原。该地区由于垦殖历史悠久,加之水土流失严重,使得天然植被保存不多,本氏针茅群落仅存在于梁、峁上部和多年的弃耕地上。另外由于土质沙性大,长久的开垦、放牧、水蚀、风蚀,土壤沙化严重,耐风蚀、耐践踏的旱生小半灌木百里香草原群落逐渐代替了本氏针茅草原群落成为当地的主要植被类型,广泛分布于梁峁平缓处,在交错的沟谷中,发育着一组明显不同于地带性植被的群落类型。准格尔丘陵沟壑区,地带性土壤为栗钙土,耕作土壤由分布较广的黄绵土和零星的黑垆土组成。该地区由于与沙漠、沙地相邻,所以风沙土分布也较广。沟谷区由于农业的发展,淤灌土也比较常见,另外,还有分布于沟谷溪旁、水库边的草甸土。沟坡上主要分布着黄土母质和砒砂岩母质上发育的幼年性土壤,即黄土正常新成土和砒砂岩正常新成土,剖面分异不明显。

二、水分条件

(一)地表水资源

丘陵沟壑区沟道称作"季节性山洪沟",即旱季断流,汛期洪水峰高,水流急,含沙量大,年内地表水分布不均。汛期来水量占年总径流量的 75.7%。出现地表水的时段为 6—8 月。

暴雨季节山洪出没,时断时续;9—10月秋雨季节出现长流水;春季解冻时节出现短期的融冻水流。累计径流时间不足三个月,并且地表水以洪水出现较多,含沙量高。

复杂多变的地形不利于形成很好的水资源。坡陡沟深,河川比降大,暴雨形式的降水极易产生洪水,迅速下泄流失。

本区年地表径流总量60847立方米,有限的地表水资源,使得丘陵区长期以来始终处在缺水状态。

(二)地下水资源

丘陵沟壑区地下水极其贫乏,决定地下水资源量的两大要素——降水量和水文地质条件都处于劣势,降水少且集中,如前所述,水文地质状况又不利于地下水的生成,土层极薄,基岩裸露很难形成潜水层,在土层较深厚的平缓梁地,厚度虽可达到20米左右,所下渗的水分也会沿着基岩隔水层从陡坡土壤岩层界面处外流。未分化的砒砂岩渗透性很差,在裸露区地表径流只能沿地表流失。

三、飞播治理条件

鄂尔多斯丘陵沟壑区沟壑纵横、水土流失严重、土壤肥力不足,飞播种子难以覆土,不适宜飞播造林种草。

鄂尔多斯丘陵沟壑区属鄂尔多斯沉降构造盆地的中部,局部地区基岩裸露,沟川纵横,地表切割破碎,侵蚀强烈,水土流失严重,通过大面积飞播造林种草难以实现治理目的。鄂尔多斯曾飞播试验了油松、沙棘、柠条、草木樨状黄芪、沙打旺等林草品种,但飞播成效较差。

该区域由于强烈侵蚀造成土壤肥力降低及土地生产力下降,侵蚀沟扩大,严重的水土流失造成河道淤积,雨季易发洪水,导致飞播种子覆土较难,很难实现防止水土流失、提高生态稳定性的目的。

第三章　鄂尔多斯飞播治沙的管理模式与成就

第一节　鄂尔多斯飞播治沙项目的管理模式

一、项目申请与审批

1991 年之前，鄂尔多斯飞播治沙工作主要由伊克昭盟林业治沙科学研究所负责组织实施。飞播治沙任务一般在实施的前一年进行申请，先由伊克昭盟林业治沙科学研究所与自治区林业局进行沟通，再由自治区林业局向国家林业部申报。任务逐级下达鄂尔多斯市后，由伊克昭盟林业治沙科学研究所组织编制飞播造林治沙设计任务书，飞播造林治沙设计任务书编制完成后，上报自治区林业局审核并批复，之后再由伊克昭盟林业治沙科学研究所按照批复的飞播造林治沙设计任务书组织实施，项目实施完成后，当年年底需向自治区林业局报送飞播总结报告。这一时期，国家下拨的飞播经费一般不拨付旗区财政，全部由伊克昭盟林业治沙科学研究所统筹使用，全面负责播区勘测、飞播造林治沙任务书的设计、飞播用种采购、调机、播区调查等各项工作。

1991 年，伊克昭盟治沙造林飞播工作站正式成立，鄂尔多斯飞播治沙职能全部由伊克昭盟治沙造林飞播工作站承担。这一时期，飞播治沙任务的申请、审批程序和管理等各项工作继续沿用伊克昭盟林业治沙科学研究所的方式，并没有太大改变。

2000 年，随着天保工程在鄂尔多斯市的启动实施，为了加强工程的管理，2002年，鄂尔多斯市天然林保护工程管理中心(同时挂鄂尔多斯市治沙造林飞播工作站的牌子)正式成立，由于飞播任务主要通过天保工程下达，因此全市的飞播治沙管理职能由鄂尔多斯市天然林保护工程管理中心承担。天保工程飞播造林为中央预算内资金，在实施的前一年由鄂尔多斯市发展和改革委员会和林业主管部门向自治区发展和改革委员会与林业主管部门申报下一年度飞播预计划,再由自治区发展和改革委员会与林业主管部门向国家发展和改革委员会及林业主管部门申报。这一时期,飞播任务将通过各级发展和改革委员会及林业主管部门逐级下达各旗区,飞播资金也由各级财政逐级下拨到旗区财政,由各旗区具体组织实施。2016年之前,全市各项目实施单位的飞播作业设计全部由市林业治沙科学研究所和市林业调查设计队进行调查设计,所有飞播用种主要由鄂尔多斯市碧森种业有限责任公司提供;从2016年开始,全市各项目实施单位的飞播作业设计和飞播用种逐步推向社会。各项目实施单位的作业设计编制完成后,由各项目实施单位上报市林业主管部门,一般由市林业主管部门组织专家进行现地和室内评审,并批复实施,之后由各项目实施单位按照批复的飞播作业设计进行实施,市级林业主管部门主要负责飞播工作的日常管理和监督检查。

二、飞播期的确定

飞播治沙具有很强的季节性,由于在技术上的特殊要求,飞播期选择比人工造林更加严格。在选择飞播期时,应着重考虑飞播树(草)种的生物学和生态学特性以及飞播区的自然条件,每个树(草)种,在其分布区内都有一定的播种适宜期,这是长期以来植物适应自然环境的结果,因此选择适宜的飞播期,对提高造林成效至关重要。

影响飞播期的主要因素为温度、水分、风速、风力、风向、苗木生长期等。

(一)温度因素

适宜的温度条件是种子发芽和幼苗生长的基本因素。适宜的温度,可以加速种子的生理生化活动,促进种子迅速发芽生长。温度过高或过低,都不利于种子萌发成苗。对大多数沙漠地区生长的树(草)种子来说,最适宜的发芽温度一般在20~25℃。沙漠地区春季干旱多风,温差变化很大,如毛乌素沙地4月极端最低气温为-9℃,最高气温30℃,平均10.5℃,地表温度为12.5~15.5℃,种子可以发芽,但发芽期需7~12天;5月中旬至6月上旬,极端最低气温为-2.1℃,最高气温37.6℃,平均20.4℃,地表温度25~30.4℃,这对种子发芽极为有利。

(二)水分因素

满足种子发芽的水分条件是飞播期选择的首要因素。干燥的种子只有吸足水分之后才能很快发芽。如果种子播后干旱缺乏雨水，种子停留在沙地表面或干沙层内，虽有较高的温度，无足够的水分，种子仍不能发芽。沙地水分来源主要靠降水，所以播后有一定数量的降水，是飞播种子发芽成苗的首要条件。因此，要抓住雨季到来之前适时进行播种。根据多年飞播试验表明，小于1.5毫米的降水，常因雨后天晴而蒸发，种子不能吸收，连续降水2.4毫米，可在局部积沙部位见到少数种子发芽，降水量达到10毫米以上才能满足种子发芽所需，因此，要使飞播种子大量发芽成苗，在播后必须有一次10毫米以上的降水。

（三）风速、风力、风向因素

飞播种子落在沙面以后，靠风的作用将种子覆盖在沙层下面，只有经覆沙后的种子才能发芽成苗，未经自然覆沙的种子会出现"闪芽"现象。飞播种子自然覆沙过程与风向、风速有着密切的关系。经过多年的观察，东南风易使种子自然覆沙，西北风亦能使种子自然覆沙，但两者相比，东南风优于西北风，当两种风向交替出现时，种子自然覆沙速度会更快，一般播后4天之内种子覆沙率可达75.1%。种子的覆沙过程是十分复杂的，风对种子的覆沙作用，不仅是风本身（包括风向、风速、风力）的影响，而且与地形，植被种类、盖度、高度，飞播种子形状、大小、轻重等诸多因素有关。所以在播期的选择上，应选择在当地风向交替变化时期，有利于种子自然覆沙。

（四）生长期因素

幼苗在当年如果有较长的生长期，可获得生长健壮的幼苗，从而提高苗木的保存率。在沙漠地区飞播造林种草，由于特殊的立地条件和气候关系，成苗时间较长，在这个过程中幼苗易受干旱、日灼、病虫、霜冻、风蚀等因素的影响，会损失一部分幼苗。存活的幼苗第二年还要经受春季的风蚀，所以要培养健壮的幼苗，必须在当年有足够的生长期，以增强其抗性。若播后生长期短，植株木质化程度差，抗风蚀能力弱，保存率就低，甚至造成飞播失败。通过对毛乌素沙地不同年份、不同播期的试验数据分析，6月上旬飞播的成苗面积率为75.1%～92.1%，苗木保存率也明显较高。所以在选择播期时，要考虑幼苗有较长的生长期，以便培养壮苗，提高保存率。

因此，正确选择飞播期是飞播造林种草治沙成功的关键。选择飞播期的意义，就在于有效地利用自然条件中有利于种子发芽成苗的因素，避开不利因素，达到治理沙漠的目标。飞播初期，由于飞播种子一般不进行丸化和包衣处理，加之当时气候条件相对恶劣，为使飞播种子自然覆沙后尽快满足其发芽所需的水分，因此选择的飞播期要尽量贴近雨季，经过长时间的不断摸索，当时的飞播期一般选择在 6 月上旬—6 月中旬；天保工程启动之后，特别是飞播种子处理技术的研制成功，飞播种子不仅具有很好的趋避效果而且抗逆性也不断增强，随着自然环境的不断改变和雨季的提前，除去极端最低气温的影响，目前鄂尔多斯市飞播期也有所改变，一般为 5 月下旬—6 月中旬。

三、实施前期准备

（一）作业设计

飞播作业设计是飞播作业前经过技术人员调查、分析编制的文本资料，是指导飞播作业的重要依据。多年来的实践证明，搞好规划、做好飞播作业设计，是顺利开展飞播作业、提高飞播成效、降低飞播成本的前提和重要措施。

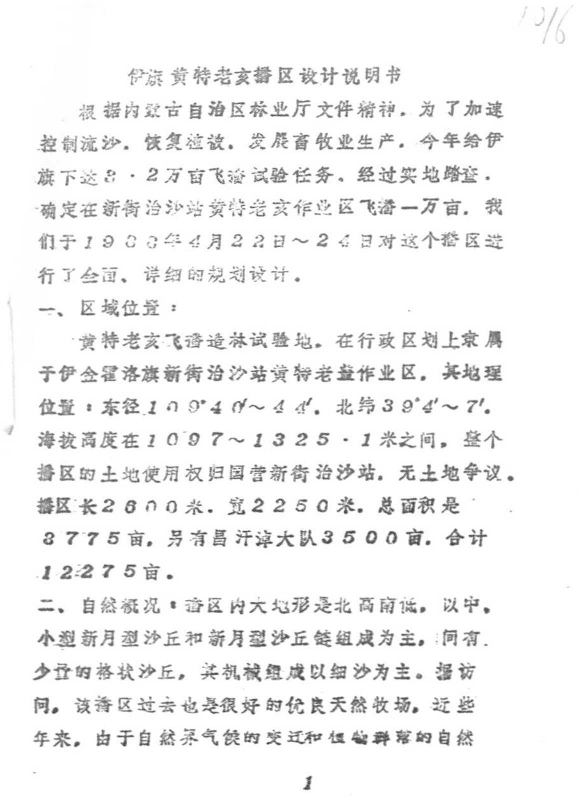

伊旗黄特老亥播区设计说明书

根据内蒙古自治区林业厅文件精神，为了加速控制流沙，恢复植被，发展畜牧业生产，今年给伊旗下达8·2万亩飞播试验任务，经过实地踏查，确定在新街治沙站黄特老亥作业区飞播一万亩，我们于1988年4月22日～24日对这个播区进行了全面、详细的规划设计。

一、区域位置：

黄特老亥飞播造林试验地，在行政区划上隶属于伊金霍洛旗新街治沙站黄特老亥作业区，其地理位置：东经109°40′～44′，北纬39°4′～7′，海拔高度在1097～1325·1米之间，整个播区的土地使用权归国营新街治沙站，无土地争议。播区长2600米，宽2250米，总面积是8775亩，另有昌汗淖大队3500亩，合计12275亩。

二、自然概况：播区内大地形是北高南低，以中、小型新月型沙丘和新月型沙丘链组成为主，间有少量的格状沙丘，其机械组成以细沙为主。据访问，该播区过去也是很好的优良天然牧场，近些年来，由于自然界气候的变迁和植物群落的自然

1

图 3-1　早期播区设计说明书

回顾鄂尔多斯市的飞播治沙历程,开始试验时,飞播区既不做基本情况调查,又不做地面处理,没有任何飞播作业设计。随着飞播治沙工作的不断推进,人们越来越认识到飞播作业设计的重要性,为了使飞播治沙更加合理、技术上可行、作业上安全,在飞播之前,相关单位按照下达的年度任务开始组织技术人员编制飞播作业设计,为实施飞播治沙提供可靠依据。起初,飞播作业设计叫播区设计说明书,一般以播区为单位,每个播区的设计说明书只有几页纸,内容比较简单,主要包括该播区的位置及自然状况、播区的形状及飞行作业方式、经费概算和飞播植物种架次组合表。飞播规划设计图主要依据当时 1:25000～1:100000 的地形图进行手绘,简单标明旗(县)界、乡(苏木)界、道路、河流、村庄和飞播区等。

1991 年,伊克昭盟治沙造林飞播工作站成立后,对飞播治沙作业设计本进行了统一印制,设计内容较之前更加翔实,也更加合理。每一个播区对应一个作业设计本,由调查人员按照作业设计本的内容进行如实填写。但此时的飞播规划设计图仍为手绘图纸。

图 3-2 早期飞播地块作业设计图

图 3-3 伊克昭盟治沙造林飞播站印制的飞播作业设计本

2000年,天保工程启动后,随着绘图技术的不断进步,飞播作业设计逐渐走向成熟。这时飞播作业设计须由乙级以上资质的林业调查规划设计单位承担,飞播作业设计也真正实现了文字、表和图的融合,作业设计内容更加充实和规范,内容主要包括以下几个方面:①设计依据;②基本情况(包括自然地理和社会经济条件以及林业生产现状等);③播区设计(包括播区选择、植物种配置、播种量及混播比例、种子处理和飞行设计等);④播后管护;⑤投资预算;⑥效益评估等。

图3-4　2000年之后飞播作业设计本封面

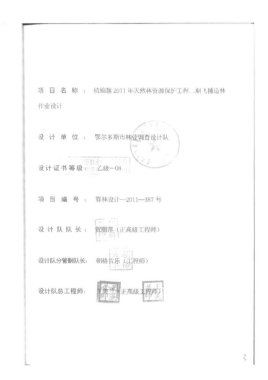

图3-5　2000年之后飞播作业设计资质

(二)机场选址

机场的选址必须由民航部门专业技术人员按照行业规定进行选择。在选择机场位置时,尽量选择交通便利、方便运输、离播区近的地方,这样既方便飞播材料的运输,又降低了飞行成本,提高了飞播效率。机场位置选好后,由项目实施单位按相关要求具体负责机场的修建和日常的维护。由于飞播治沙在鄂尔多斯市实施多年,目前全市每个旗区都有建好的简易机场,但多数机场处于闲置状态,仅有少部分机场还继续使用,用来执行飞播造林任务。

（三）播带划分

播带数一般根据播区航线长度来划分,飞播前将根据航线长度和播幅宽度计算播带面积,进而确定每架次的播种面积和装种数量。

（四）调机试航

在机场的各项条件均达到运行标准后,一般在正式飞播前一周开始调机。飞机进场后,首先要对飞机设备进行调试,通常包括播撒设备、通信导航设备和机械设备,同时还要安排好机场地面装种和拌种人员相关工作。近年来,飞机的播撒设备和通信导航设备,通过我国自行研制与技术引进,使我国飞播造林技术获得重大突破,因而有了长足的进步,在提高飞播造林质量与作业效率,保证飞行安全,降低飞播成本等方面发挥了重要作用。飞播造林是通过空中与地面的密切配合来完成的,随着电子技术、微电子技术的飞跃发展,目前机场与作业区、空中机组与地面飞播人员的联络,比之过去大为改观。各种型号的对讲机、步话机构成了通信网络,通信联络更为迅速、准确、畅通无阻,保证了飞播作业的顺利实施。

四、实施过程中的管理与监督

飞播作业期间,按照规定,须成立飞播指挥部,统筹安排机场维护、播区飞行作业顺序、飞行、通信、气象、种子质量检查、装种、安全保卫、生活后勤等各项工作,协调解决飞播作业过程中遇到的问题。

飞播作业期间,市林业主管部门须派专门的技术人员进行现场蹲点,主要负责监督飞播是否按照批复的作业设计进行作业,并及时报告有关飞播情况及进度。旗区林业主管部门,一是负责气象测报。主要由气象人员与附近气象台联系,对机场至播区的云高、云量、能见度、风向、风速、天气发展趋势进行观测和报告。二是负责通信联络。通过飞播指挥通信系统,保证地面与空中、地面与地面之间通信畅通。三是负责装种。严格按照每架次设计的树(草)种种类和数量进行装机。四是负责协调地方军区。安排专人与地方军区沟通协调,避开空管时段,并根据气候条件确定飞行时段和飞行架次。五是负责安全保卫。确保飞行作业和机场管理严格按照飞行部门的有关规定及飞播作业操作细则进行,确保人员、飞机和飞行安全。六是负责后勤保障。安排专人负责机组人员和一般工作人员的食宿和卫生健康保障。七是负责记录数据。记录每架次飞机起飞的时间、结束时间、飞播植物种的装种数量。八是负责播区接种实验。对正在飞播作业的区域,随机选择几条飞播航线进行接种,对落种情况进行分析,评判飞播落种的均匀度,现地验证飞播效果。九是负责飞行航迹评价。利用飞行评价系统,对每架次飞播作业飞机飞行航迹进行评价,看是否压线飞行,综合评判飞行作业质量,对飞行时出现的偏航、漏播、重播等情况及时纠正或补救。

五、项目后期管理

飞播项目的后期管理,主要体现在对飞播地块的管护上,飞播区管护是鄂尔多斯飞播治沙的核心内容。飞播造林具有树种相对单一、牵涉范围广、受自然因素影响大、社会性强等特点,播区管护工作容易与林农、林牧、林副生产产生矛盾,因此加强飞播地块的管护,对飞播的成败起着至关重要的作用。多年的实践证明,飞播效果的好坏,关键在于管护。

(一)加强组织管理

各级党委、政府领导的重视与支持,是搞好飞播地块管护工作的先决条件,由于飞播管护工作牵涉面广,矛盾较多,特别是播区的偷牧滥牧问题,单靠业务部门很难解决,必须依靠各级政府和领导的支持与参与,发挥政府宏观管理职能,协调各方面的关系,建立健全各级组织机构,落实好人员和措施。飞播区具体管护工作实行旗区林业主管部门行政领导负责制,对辖区内飞播区管护工作负总责,相关部门各司其职、密切配合、形成合力,一级抓一级,层层抓落实,进一步明确飞播区管护责任。经过多年的探索,目前飞播区管护工作形成了以旗区林草局为核心,乡镇(苏木)、村(嘎查)参与,护林员为主体的管护模式,有力地保障了飞播地块管护工作的顺利进行。

(二)健全管护制度

飞播治沙初期,播区的管护制度主要依靠乡村公约。随着天保工程的启动实施,国家高度重视森林管护工作,作为天保工程森林管护的一部分,飞播造林地块同时也被纳入天保工程森林管护范围。2004年国家林业局印发了《天然林资源保护工程森林管护管理办法》(一期);在天保工程二期启动之初,2011年内蒙古自治区出台了《内蒙古自治区天然林资源保护工程财政专项资金管理实施细则》,对天保工程森林管护资金的使用做出规定,规范了资金的流向和使用;2012年国家林业局出台了《天然林资源保护工程森林管护管理办法》(二期),对森林管护工作作出指导性意见;为了适应全市森林管护工作需要,2015年市林业局和财政局出台了《鄂尔多斯市公益林管护实施细则》,进一步明确了飞播区管护责任,每年旗区政府与各相关单位签订管护责任状,建立考核评价制度和责任追究制度,确保飞播区管护工作健康发展。目前,各项目实施单位相继完善了管护机构和运行机制,强化了管护队伍和管理制度,护林员的聘用、合同签订、监督、检查等工作已趋于成熟,部分旗区制定并执行了较为严格的考核和奖惩制度,管护工作已经非常科学、合理、规范,值得学习和借鉴。

(三)优化管护措施

由于大部分播区多处在牧区,牲畜很多,起初飞播地块的管护措施主要采取封禁管护,禁牧期一般为3—5年。随着管护制度的不断健全,播区管护措施也得到了优化。目前,各项目实施单位根据具体情况,因地制宜、因场制宜,采取多种形式的管护措施。一是在飞播区重点管护地段设置管护牌和警示标志,标明管护面积、主要树种和责任人,同时标注执法单位值班电话、森林防火值班电话、森林病虫害值班电话,加强警示作用。二是通过印发宣传单、宣传册等宣传资料,大力宣传飞播区管护的方针政策、法律法规,营造浓厚的飞播区管护氛围,从而提高农牧民保护森林的自觉性。三是在各级党委、政府的领导下,广泛宣传鄂尔多斯市特殊的生态区位及生态环境的脆弱性,在人民群众中牢固树立生态安全的忧患意识,增强生态保护观念。

六、飞播地块相关调查与评估

飞播地块调查与评估,主要包括飞播前地块调查和飞播后播区成苗、成效调查。

(一)飞播前地块调查

在飞播作业前,充分利用近期森林资源调查、林地规划等成果数据,通过路线调查对播区进行踏查。调查内容包括地形、地势、气候、土壤、植被类型、水文、鸟鼠兔害等自然条件和人口、交通、土地权属、农牧业生产、牲畜数量、当地农牧户对飞播工作支持度等社会经济情况。详细掌握播区基本信息,确认播区的净空条件和宜播面积,为飞播作业设计的编制提供数据支撑。

(二)飞播后播区成苗、成效调查

飞播成苗调查的目的是及时掌握播后播区内幼苗密度、生长、分布情况,预测成苗效果,为补植、补播等播区后续措施的开展提供依据。成苗调查以播区为单位,调查时间一般在当年秋季,调查内容主要包括有效样圆数、有苗样圆数、有效苗数量和种类、幼苗高度及生长状况、幼苗的分布情况,通过对样圆数据的统计和分析,计算播区平均每公顷幼苗株数、有苗样地频度和成苗面积,并进行成苗等级评定,最终形成飞播成苗调查报告,阶段性评价飞播效果,为下一步工作提出建议。

飞播成效调查的目的是评定播区的成功和失败。成效调查时间一般为播后第五年秋季进行,调查内容基本和成苗调查相同。通过计算得出每个播区的成效面积占该播区宜播面积的比例,并进行飞播成效评定,最终形成飞播成效调查报告,对飞播各环节的工作做出评价,总结经验,提出建议。

图 3-6　飞播成苗调查(王丽娜提供)

图 3-7　飞播成效调查(王丽娜提供)

第二节　鄂尔多斯飞播治沙的成就

一、鄂尔多斯飞播治沙成效

鄂尔多斯飞播治沙经过多年的不断探索和创新,使飞播治沙技术不断得到提高和发展,飞播治沙取得了令人瞩目的成就。

(一)生态效益

1978年至今,全市累计完成飞播治沙面积1390.16万亩,其中1978—2000年377.66万亩、2001—2010年827万亩、2011—2022年185.5万亩。

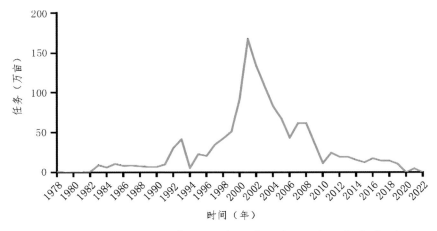

图3-8　1978—2022年鄂尔多斯市飞播治沙任务分布图

通过飞播,有效地增加了沙漠地区的森林面积和林草综合盖度。根据国土"三调"数据分析,全市飞播成林面积约470万亩,约占飞播治沙总面积的33.8%,约占全市森林资源总面积的18.4%。另外,有关数据显示,当播区植被盖度达到15%左右时,近地面风速平均降低30%,风沙活动强度大为减弱,局部地段开始出现较薄的结皮层;当播区盖度达到25%~40%时,有植物生长的地段普遍能形成1~5厘米厚的结皮层,风沙活动能减弱70%以上,基本上没有风蚀、沙割、沙埋现象。此外,随着播区植被盖度的增加,播区内高大沙丘逐渐削平变缓,局部地段连成起伏不平的低矮沙地,使沙地地形和沙丘形态发生变化。从治理沙化土地角度分析,飞播后播区植被无论演替成以杨柴、花棒为优势种的灌草型植被群落还是以油蒿为优势种的植被群落，均起到了荒漠化治理和流动沙丘固定的目的，从根本上改变了播区内的风蚀环境，目前全市46%的播区变为固定沙地，54%的播区变为半固定沙地，播区内植被的防风固沙作用进一步凸显，有力地减少了沙尘暴的发生，有效地改善了地区生态状况，促进了地区生态状况逐步好转。从生态建设角度来说，飞播造林种草是在特定历史时期和特殊自然条件下的一种最佳选择，它对流动沙丘的治理作出了重大贡献。

(二)经济效益

飞播地块经济效益也十分可观，主要为三个方面。一是建成了大面积的灌草采种基地，为生态治理提供了种源。飞播后，杨柴一般第三年开始结实，在种子结实正常年份，杨柴每亩结实量平均为4斤，以目前飞播成林面积计算，每年可产杨柴种子1880万斤。二是建成了大面积的优质草场，可作为牧业基地，为发展畜牧业提供优质的饲草料。鄂尔多斯市飞播治沙的植物种以灌木为主，有杨柴、花棒、锦鸡儿等，这些植物均为干旱、半干旱地区草场建设的建群种，在牧草饲用价值分级中，多数为"优"或"良"级。目前，鄂尔多斯市飞播治沙区景观已发生巨大变化，昔日多数流沙已趋于固定或半固定，成为采种基地和优良牧场。播区植被由播前的3%~15%提高到21%~75%，已形成了大面积的高产优质灌丛草场。飞播后第五年，平均每亩可产鲜草约500千克，以目前飞播成林面积计算，每年可产鲜草23.5亿千克，有力地推动了畜牧业的发展。农牧民从飞播治沙中得到了实惠，生活水平有了明显提高。三是节约了造林成本。目前，国家对飞播造林投资标准为160元/亩，而人工乔木造林投资标准为900元/亩，人工灌木造林投资标准为400元/亩，飞播造林极大地节约了造林成本。

(三)社会效益

飞播治沙改善了沙区人民的生活环境。过去鄂尔多斯市很多地方的农牧民因受风沙危害，草场沙化，生存环境十分恶劣，不得已外迁求生。经过多年的飞播治沙造林，飞播成效逐渐凸显，沙区的生态环境得到根本改善，为农牧业发展创造了良好的条件，农牧业生产呈现出蓬勃发展的局面。另外，飞播治沙造林得到了许多国内外专家的关注，自1985年以来，先后有国内外森林、农业、生态、畜牧、水保、治沙等多个组织机构与人员来鄂尔多斯市进行参观考察,在社会上引起了很大反响。

图 3-9 早期飞播宣传(王丽娜提供)

二、鄂尔多斯飞播治沙技术成果

在飞播治沙过程中,鄂尔多斯遵循科研、教学与生产紧密结合的原则,组织多学科的科技人员协作攻关,对流沙地区飞播治沙进行综合性的研究,并结合生产进行了多项试验,总结出了流动沙地飞播治沙经验。在流动沙地进行的多学科系统飞播固沙技术,其研究的深度和广度,在我国飞播史上是少有的,为中国治沙谱写了新的篇章。

鄂尔多斯飞播治沙通过不断地尝试、总结、试验、推广,在探索和研究中曲折前进,先后开展了"伊盟毛乌素沙地飞机播种造林种草治沙试验""毛乌素沙地飞播造林种草治沙中间试验""推广应用'飞机播种造林技术'治理毛乌素沙地和库布其沙漠""鄂尔多斯地区飞机播种柠条造林技术研究与示范""鄂尔多斯市飞播林草种子处理配套技术研究",对影响飞播成效的主要环节,包括播区选择、播种时间、播种量、不同飞播植物种的表现、种子处理、地面处理、播种方式等进行了广泛的研究和试验对比,在飞播治沙上取得了创新和突破,为大规模实施飞播治沙提供了技术支撑。

鄂尔多斯研制的飞播种子包衣、丸粒化处理技术,特别是多效复合剂的成功研制,不仅具有驱避鸟鼠为害的作用,而且具备促进苗木生根发育、提高苗木越冬能力等多种功效,达到了世界先进水平。

将 GPS 全球卫星定位导航系统和 GPS 图示导航技术用于飞播治沙,这些突破性的重大科技成果,居世界领先地位。

1978 年,伊克昭盟林业治沙科学研究所在伊金霍洛旗台格庙毛乌素沙地进行的飞播初试试验,旨在对飞播地块、飞播植物种的配置和飞播适宜期进行探索。结果显示播区当年植株保存面积率为 36.2%,到 1980 年播区植株保存面积率达 41.7%。尤以杨柴、籽蒿和草木樨效果最好。播后 2—3 年,植物地下茎萌蘖苗和籽种更新苗开始出现,播区有苗面积不断扩大,使原来的流动沙地变成了良好的打草场和种源基地,创造了我国沙区飞播的最好水平。该阶段取得的成果,经区内外专家鉴定给予了高度评价,1985 年毛乌素沙地飞播造林种草治沙试验获内蒙古自治区科学技术进步二等奖(获奖单位:伊克昭盟林业治沙科学研究所,颁奖单位:内蒙古自治区科学技术进步奖评审委员会)。

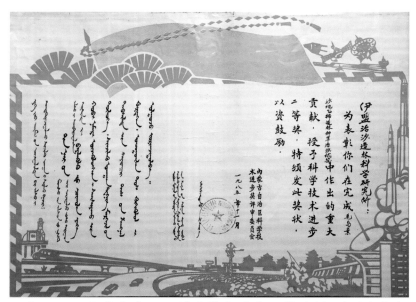

图 3-10　内蒙古自治区科学技术进步二等奖(娜荷雅拍摄)

1983 年,内蒙古自治区林业局下达了"伊盟毛乌素沙地飞播治沙中间试验研究"项目,由伊克昭盟林业治沙科学研究所承担,伊金霍洛旗、乌审旗、鄂托克旗和鄂托克前旗林业局等单位参与进行了飞播中试试验,试图在难度较大(12 米以上)的沙丘类型和立地条件极差的库布其沙漠以及降雨量在 200 毫米左右的毛乌素沙地西南部进行飞播试验,意图扩大参试植物种,探讨适宜飞播植物种、飞播期、飞播类型及其播种量等可靠性。通过中试试验，一是证明了在伊盟境内年降雨量200毫米以上的沙区，适宜飞播的立地条件为地下水埋深度0.5～3米，植被盖度5%～10%的低矮新月形沙丘和沙丘链或者地下水深为3～5米，具有疏松沙质的宽广丘间地，植被盖度10%的较高(12米以下)新月形沙丘和沙丘链两种沙地类型；二是杨柴、籽蒿、草木樨、沙打旺是伊盟沙区飞播治沙的优良植物种；三是适宜的飞播植物组成及播种量是：杨柴0.5斤／亩＋籽蒿0.3斤／亩＋草木樨0.2斤／亩＋沙打旺0.2斤／亩。该阶段取得的成果，为下一步飞播治沙大面积的推广提供了技术支撑，1990年，伊克昭盟毛乌素沙地飞播造林种草治沙中间试验研究获林业部科技进步三等奖(获奖单位：伊克昭盟林业治沙科学研究所，颁奖单位：中华人民共和国林业部)。

图3-11　中华人民共和国林业部科技进步三等奖(娜荷雅拍摄)

为了更好地治理流沙，加速沙区植被建设，改善农牧业生产条件，实现生态环境良性循环。1988年，内蒙古自治区林业局下达了"推广应用'飞播造林技术'治理毛乌素、库布其沙漠"项目。伊克昭盟林业治沙科学研究所会同伊金霍洛旗、乌审旗和鄂托克旗林业局等单位共同承担了在毛乌素沙地、库布其沙漠中、东段的飞播治沙技术推广项目。截至1991年，累计推广飞播治沙面积35.3万亩，3—4年后各播区平均保存面积率达到63.3%，最高达到85%，取得了显著成效。播区景观发生了较大变化,大面积的流沙已趋于固定和半固定,产生了良好的生态效益和社会效益。大面积的飞播推广证明,适宜飞播的区域不仅是毛乌素沙地,而且可以延伸到年降水量在270毫米以上,沙丘密度高大(10~15米)且地下水埋深度在5~10米的库布其沙漠中、东段。该项目被专家评议为"居国内领先地位,达国际先进水平",1996年,推广应用飞播造林技术治理毛乌素、库布其沙漠项目获内蒙古自治区1995年度农牧业丰收计划二等奖(获奖单位:伊克昭盟治沙造林飞播工作站,颁奖单位:内蒙古自治区农牧业丰收奖评审委员会);同年获内蒙古自治区林业厅科技进步一等奖(获奖单位:伊克昭盟治沙造林飞播工作站,颁奖单位:内蒙古自治区林业厅)。1997年该项目获林业部三北防护林体系建设技术推广一等奖(获奖单位:伊克昭盟治沙造林飞播工作站,颁奖单位:林业部三北防护林体系建设技术推广委员会)。同年获内蒙古自治区科学技术进步二等奖(获奖单位:伊克昭盟治沙造林飞播工作站,颁奖单位:内蒙古自治区科学技术进步奖评审委员会);1998年该项目获国家科学技术进步三等奖(获奖单位:伊克昭盟治沙造林飞播工作站,颁奖单位:中华人民共和国科学技术部)。

图3-12　内蒙古自治区农牧业丰收计划二等奖(娜荷雅拍摄)

图 3-13　内蒙古自治区林业厅科技进步一等奖(娜荷雅拍摄)

图 3-14　林业部三北防护林体系建设技术推广一等奖(娜荷雅拍摄)

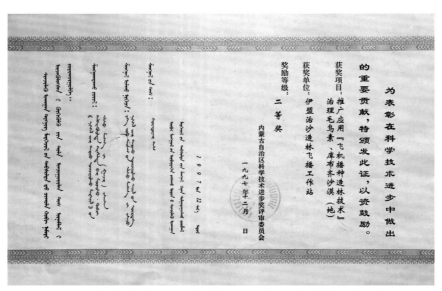

图 3-15　内蒙古自治区科学技术进步二等奖（娜荷雅拍摄）

图 3-16　国家科技进步三等奖（娜荷雅拍摄）

图 3-17　早期飞播现场(王丽娜提供)

2000 年,国家天然林保护工程在鄂尔多斯市正式启动实施,飞播治沙任务逐年增加。而柠条以其耐干旱、耐贫瘠、抗风沙、生命力强、经济利用价值高等众多优良品质,深受广大农牧民的喜爱。大力营造柠条是鄂尔多斯市加快以林业为主的生态建设的一项重要举措。鉴于鄂尔多斯市宜林地广阔,人口稀少、劳动力不集中的实际情况,市政府提出利用飞机播种这一机械化造林方式发展柠条资源。根据这一指示精神,市林业局组织科技人员和相关专家经过反复论证,决定依托天然林保护工程开展"鄂尔多斯地区柠条等植物种飞播造林技术研究与示范"课题。该课题由鄂尔多斯市人民政府提出,2002 年由鄂尔多斯市林业局立项,鄂尔多斯市天然林保护工程管理中心承担,鄂托克旗、达拉特旗、准格尔旗、杭锦旗林业局,鄂尔多斯市碧森种业公司等单位协作,内蒙古林业科学研究院为技术支撑单位联合攻关。经过试验,飞播柠条取得巨大成功。2006 年,内蒙古自治区科技厅组织专家在鄂尔多斯市召开了"鄂尔多斯地区柠条等植物种飞播造林技术研究与示范"课题鉴定会,专家组认为,该课题一是从飞播目的树种的选择和植物种的配置模式入手,采用飞播种子处理、GPS 导航和播区地面处理等技术集成,提高了飞播造林技术成效,充分体现了该项技术体系的优越性;二是研究应用播前破土、播后覆土地面处理关键技术,解决了柠条种子"闪芽"的技术难题;三是采用飞播种子丸化新技术,使柠条种子发芽率达到 80％以上;四是应用 GPS 导航技术,使飞播植物种的落种准确率达 98％;

五是根据不同立地条件，采取多种植物混播，保持了沙区植物群落的稳定性，为沙区飞播柠条提供了理论依据。经专家组鉴定，该项研究成果突破了柠条不宜在沙区飞播造林的结论，课题总体研究水平达到国内领先程度。

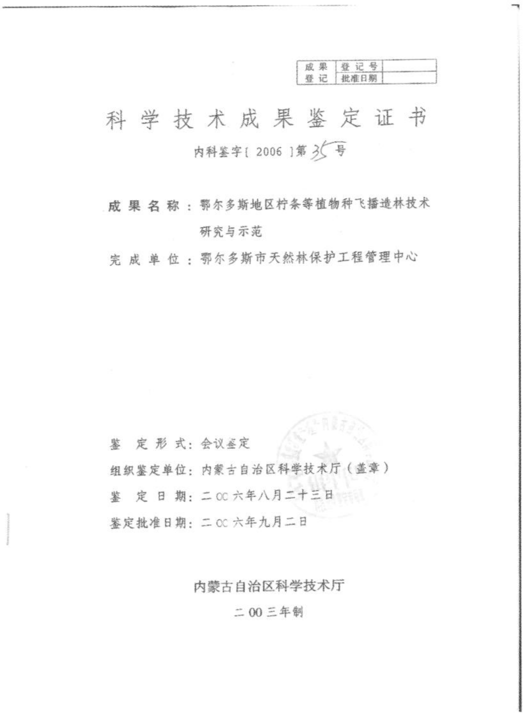

成果登记	登记号	
	批准日期	

科学技术成果鉴定证书

内科鉴字[2006]第 35 号

成果名称：鄂尔多斯地区柠条等植物种飞播造林技术研究与示范

完成单位：鄂尔多斯市天然林保护工程管理中心

鉴定形式：会议鉴定

组织鉴定单位：内蒙古自治区科学技术厅（盖章）

鉴定日期：二OO六年八月二十三日

鉴定批准日期：二OO六年九月二日

内蒙古自治区科学技术厅

二OO三年制

图 3-18　鄂尔多斯地区柠条等植物种飞播造林技术研究与示范科学技术成果鉴定证书

鄂尔多斯飞播治沙工作得到了党和人民的充分肯定，也获得了众多的表彰和奖励。1983 年，伊克昭盟林业治沙科学研究所被伊克昭盟党委评为科研先进集体；1991 年，由伊克昭盟林业治沙科学研究所主持的“飞播林实验区建设研究项目”获伊克昭盟科学技术进步二等奖；1992 年，由伊克昭盟林业治沙科学研究所主持的“飞播造林技术应用推广项目”获 1991 年度内蒙古自治区农牧业丰收计划三等奖；1994 年，伊克昭盟林业处获 1993 年度内蒙古自治区飞机播种造林成绩优异奖；1996 年，在全国飞播造林四十周年纪念大会上，伊克昭盟治沙造林飞播工作站被中华人民共和国林业部、计划委员会、财政部，中国民航总局，中国人民解放军空军授予全国飞机播种造林先进单位荣誉称号；1996—2001 年，伊克昭盟林业局连续 6 年获得年度内蒙古自治区飞机播种造林奖；2002 年、2004 年、2005 年和 2006 年，鄂尔多斯市林业局分别获得 2001 年、2003 年、2004 年和 2005 年度内蒙古自治区飞机播种造林奖。

截至目前，鄂尔多斯飞播治沙造林共获得各类奖励 21 项，其中国家科技部科技进步奖 1 项、林业部科技进步奖 1 项、内蒙古自治区科委科技进步奖 2 项、内蒙古自治区农牧业丰收计划奖 2 项、林业部三北防护体系建设技术推广奖 1 项、内蒙古自治区林业厅科技进步奖 1 项、伊克昭盟科委科学进步奖 1 项、国家五部委飞播造林先进单位 1 项及内蒙古自治区林业厅(局)年度飞播造林奖 11 项。

三、基础设施建设

经过多年的飞播治沙,鄂尔多斯市飞播基础设施建设已较为完善并形成体系。一是 2002 年合股组建碧森通用航空有限责任公司,鄂尔多斯拥有了自己的飞播专业飞机。2003 年,鄂尔多斯市通用航空有限责任公司正式成立。该公司是经国家民航局批准设立的甲类通用航空企业,主运行基地为内蒙古鄂尔多斯市民航机场,业务领域范围覆盖全国大部分地区, 可以满足全市农林牧飞行工作需求。二是 2003 年 3 月 18 日,正式成立鄂尔多斯市碧森种业有限责任公司,当时是我国唯一一家从事林草种子包衣丸粒化的加工企业。包衣丸粒化的种子具有避免鸟鼠为害等多重作用,减少种子为害率 10%～20%,成本低、效果好、效益高,能同时满足鄂尔多斯市及周边盟市和邻近省份的飞播用种需求。三是由于飞播治沙在鄂尔多斯市实施多年,目前全市每个旗区都有建好的简易机场,这些机场布局合理,且均匀分布在飞播重点实施区域,虽然多数机场处于闲置状态,但只要有飞播任务,稍加维修即可投入使用。四是鄂尔多斯市飞播造林种子储存库建设布局合理。作为飞播种子的配套设施,大型飞播仓储库房主要集中在飞播加工企业,小型临时性飞播仓储库房主要分布于各旗区简易机场周围,以方便飞播时种子的拉运。五是鄂尔多斯市飞播专业设备,包括用于机场日常维护的机械设备和飞播作业时的通信设备、GPS、电脑及相关软件设施,为飞播治沙的高效实施提供了基础保障。

四、专业队伍培养

经过多年的飞播治沙,培养和造就了一大批懂业务、吃苦耐劳、技术精湛的专业人才,为鄂尔多斯市飞播治沙做出了巨大贡献。

鄂尔多斯飞播治沙初期的工作者主要有王蕴忠、奇志高、阿那、许清云、张敬业、严圭、刘建华、陈瑞楼、高介山等。

鄂尔多斯飞播治沙中后期的工作者主要有吕荣、刘和平、高崇华、刘新前、包晓峰、张建军、李维向、王胜利、刘生荣、杨明亮、莫仁、裴氏清、奇志、刘占海、白玉峰、韩志勇、李成福、高成、刘在刚、杨三根、蒋有则、梁长雄、张连、张飞虎、刘靖敏、阮小平、贺占彪、周子涛、武生荣、王立洲、刘成钢、那顺吉日嘎拉、娜仁花等多个单位的技术人员。

通过飞播治沙项目的实施,先后有多人荣获内蒙古自治区科技进步奖,内蒙古自治区林业厅科技进步奖、伊克昭盟科技进步奖、内蒙古自治区丰收奖、内蒙古自治区林业系统青年科技标兵、鄂尔多斯市优秀科技工作者、鄂尔多斯市全市防沙治沙先进个人、鄂尔多斯市中青年科学技术创新奖等荣誉称号。

特别是鄂尔多斯市飞播治沙工作站站长王蕴忠同志，在飞播治沙工作中获得了多种荣誉：1984年被伊盟行署记大功奖励；1986年被林业部、民航总局、空军联合授予"全国林业飞播先进个人"；1992年享受国务院颁发的政府特殊津贴；1994年被评为伊盟有突出贡献的优秀共产党员；1996年被空军等五部委联合授予"全国林业飞播先进个人"；1998年获"全国五一劳动奖章"，并被国家人事部授予"国家有突出贡献的中青年专家"称号；1999年获内蒙古自治区党委、政府颁发的"科技兴区特别奖"；2002年被评为鄂尔多斯市"拔尖技术人才"。

新时期的飞播治沙工作，飞播作业设计、飞行保障、通信保障、天气测报、飞播地块调查等各环节都有专业队伍，使飞播的各个工作环节更加精细化。新一代的治沙人已接过老一辈飞播治沙人的接力棒继续奋斗在飞播治沙一线，成为鄂尔多斯飞播事业的技术骨干和中坚力量。

第四章　鄂尔多斯飞播治沙的地面处理技术

第一节　地块选择

一、飞播区域划分

（一）飞播区域划分意义

飞机播种治沙造林种草是模拟天然落种更新造林种草的一种方法，播前无整地，播后无覆土、浇水等措施，飞播植物种落地后完全依靠自然因素萌发生长，所以，立地条件和自然因素对飞播治沙成效有着显著影响。降雨、风、地温、沙粒大小、原有植被、沙丘密度、沙丘高度、坡向坡位等均对飞机撒播植物种后的萌发和生长有着决定性的作用。根据飞播治沙的特点和多年来开展飞播治沙的经验，把自然条件不同的地区进行分类，划分成不同的飞播区域，采用不同的飞播治沙措施，充分利用不同生态区域环境的有利因素，避开不利因素，抓住时节，开展飞机播种工作，播种的先锋固沙草种和目的树种能顺利萌发、快速生长，可以有效地提高飞播造林种草治沙的成功率。

（二）鄂尔多斯地区飞播区域划分

鄂尔多斯市地处鄂尔多斯高原腹地，总土地面积 8.7 万平方千米，东西长约 400 千米，南北宽约 340 千米，东西、南北跨度大，气候、立地条件等均有很大差异。从空间分布特征看，全市整体东南向西北降雨量逐渐减少，年降雨量从 400 毫米以上逐渐降低到 100 毫米以下，年蒸发量、干燥度、风力等气候指标均由东南向西北逐渐增加。

鄂尔多斯境内的库布其沙漠与毛乌素沙地气候和立地条件存在很大差异，库布其沙漠属于中温带干旱、半干旱区，气温高，昼夜温差大，气候干燥，构成沙漠的沙粒以细、中沙粒为主，核心地带沙丘密度大而且高；毛乌素沙地位于温带半湿润半干旱与干旱气候之间的过渡地带,属于大陆性季风气候,夏季温暖湿润,冬季寒冷干燥,春季气温回升快,多沙尘,秋季凉爽短促,组成沙地的沙粒以中、大沙粒为主,新月形沙丘,沙丘密度相对较小,高度相对较低,地下水浅,水文条件相对库布其沙漠优越。

不同类型区的气候条件和立地条件等级迥异,就是同一个类型区内的各种气候特征和立地条件也同样存在很大差异。以库布其沙漠为例,库布其沙漠分为东段、中段和西段三个部分,东段属于半干旱区,雨量相对较多,年降雨量达400毫米以上,高大沙丘相对较小,每年平均风速也较西段低;西段属于干旱区,热量丰富,年降雨量少,部分地区年降雨量不足100毫米,地表水少,蒸发量大,水源匮乏,高大沙丘多且密度高,飞播治沙造林种草条件相比东段明显较差。

气候和立地条件是决定飞播治沙成败的最重要因素,划分飞播治沙区域是首要任务,选择不同飞播治沙区域,并采取不同飞播治沙措施是飞播治沙项目实施的前提。

多年来,鄂尔多斯林草治沙人根据地区气候特征、立地条件等因素以及多年来飞播造林种草治沙的经验,将鄂尔多斯地区飞播治沙区域划分为多个区域。

1.毛乌素沙地飞播区,主要包括乌审旗全境、鄂托克旗东部、鄂托克前旗东部和伊金霍洛旗南部。该区域水分条件好,年降雨量相对丰富,沙丘起伏不大,高大沙丘较少,沙丘间低洼地有原始植被分布,是理想的飞播造林种草治沙区域。

2.五大沙区飞播区,该地区位于毛乌素沙地西缘,鄂托克前旗、鄂托克旗与宁夏回族自治区交会处,该地区干旱少雨,地处风口位置,风沙大,核心地带分布有高密度高大沙丘,飞播治沙成苗率较低,成效较差,适合飞机播种治沙和封禁保护相结合治理。

3.库布其沙漠东段和中段飞播区,该地区主要包括库布其沙漠分布在准格尔旗和达拉特旗的区域,气候条件和立地条件均相对较好,是多年来飞播治理沙化的重点区域。

4.库布其沙漠七星湖飞播区,该地区主要位于杭锦旗独贵塔拉镇,包括吉日嘎朗图镇的少部分地区,主要是库布其沙漠核心地带高大沙丘的边缘区域,年降雨量低,但地下水位较浅,禁牧措施严格,飞播造林种草治沙成功地块较多。

5.库布其沙漠西段和高大沙丘飞播区，库布其沙漠西段主要分布在杭锦旗巴拉贡镇、呼和木独镇、吉日嘎朗图镇、独贵塔拉镇、伊和乌素苏木境内。呼和木独镇、伊和乌素苏木、巴拉贡镇境内分布的沙漠覆沙较浅，沙层薄，沙层下多为灰漠土或棕钙土，上下土层水系毛细管不连通，且处于风口位置，风力强劲，年降雨量小，年平均降雨量100毫米左右，较薄的沙层蓄水不足，人工造林成功率极低，飞播治沙更是困难。吉日嘎朗图镇、独贵塔拉镇是库布其沙漠的核心地带，高大沙丘密度高，不是飞播治沙的理想区域。

6.丘陵沟壑飞播区，该区域主要是东胜区、达拉特旗南缘和准格尔旗大部分地区，该区域主要开展过硬梁地飞机播种治理水土流失的试验，主要飞播的目的树种为油松和柠条，保存率较低，效果较差。

二、飞播地块筛选

鄂尔多斯地区年度飞播造林种草治沙任务是按照旗区的意愿和执行力进行分配，主要由旗区林草局负责落实地块并组织实施。

在大的飞播区划分的前提下，同一区域内的气候、土壤、海拔、温度、水文、降雨等条件相差不大，在飞播地块的筛选上主要遵循以下几点。

（一）低成本选地

鄂尔多斯自从开展飞机播种治沙初试以来共建设飞播机场16座，均分布在主要治沙区内。飞播治沙主要的一项成本是飞行费。在地块选择时，首先考虑的是地块与机场的距离，采取就近选择的原则进行地块的筛选。

2010年以前，国家重点工程飞播项目均有网围栏投入，基本上所有地块均设置网围栏，网围栏费用约占飞播投资的35%，为了节省人力物力，地块筛选时优先考虑交通相对便利，且相对集中连片的地块。为了降低飞播成本，飞播区内的宜林宜草荒沙地（即宜播面积），一般不应低于70%，相对集中连片，单块面积一般不小于3000亩。

（二）立地条件筛选

沙漠地区立地条件对飞播成效影响极大，立地条件包括沙丘密度、沙丘形态、沙丘类型、沙丘高度、丘间低地面积大小、地表植被种类和盖度、地下水分条件等。

飞播治沙的地块筛选中必须重视地块立地条件的筛查。

1.沙丘形态的影响

飞机播种的杨柴、花棒能否顺利地生长和长期保存的关键,取决于沙丘风蚀和沙埋,而沙丘风蚀和沙埋程度的大小又决定于沙丘形态。为便于分析说明问题,我们根据沙丘迎风坡的形状、风蚀积沙程度,对飞播试验区的沙丘大体划分为四种形态,并将每种沙丘形态对飞播成效的影响进行分析。

①沙丘形态与有苗面积率的关系:不同形态的沙丘,由于风蚀积沙不同,其保存面积率是不同的。以伊金霍洛旗台格庙飞播区为例,台阶沙丘,因迎风坡平缓,天然植被较多,由于植物的阻沙使整个沙丘迎风坡上均有适度的积沙,因而杨柴、花棒幼苗免受风害而得以较好地保存。一般保存面积率为迎风坡总面积的 26%～64.9%,但这类沙丘仅占整个飞播区面积的 13.3%,凸形沙丘上的保存面积率又比凹形、直线形沙丘高,其原因是由于迎风坡面微凸,在西北风或东南风的影响下,迎风坡上部或中部均有适度的积沙,而凹形和直线形沙丘,在风力作用下,沙子来回流动性大,沙丘移动也快,风蚀程度远较凸形沙丘严重,所以保存的幼苗仅散生在迎风坡的弱、中度风蚀地段和靠沙梁的下部。这一规律已被撒播杨柴、花棒试验所证实。

②沙丘迎风坡坡面形状与风蚀的关系。沙丘的风蚀是随着沙丘迎风坡形状而变,而沙丘迎风坡形状又取决于沙丘高度和迎风坡坡度。沙丘越高,迎风坡坡度越大,其坡面多呈直线形,这类沙丘风沙活动频繁,表面沙粒运动剧烈,风蚀程度超过一年生植物抗风蚀的能力,因而当年生幼苗只能在整个坡面的弱风区保存;而沙丘比较平缓,迎风坡坡度较小,其沙面多呈凸形,这类沙丘迎风坡风沙活动减弱,沙粒来回运动缓慢,风蚀较轻,有一定数量的幼苗定居生长。当然,在自然界中,沙丘高度和迎风坡坡度的变化,除受风的强烈影响外,还会受多种综合因素的影响,因而有少数沙丘虽然高度较大,但它的迎风坡平缓而长,植被也较多,坡面形状近似台阶沙丘,由于台阶式的迎风坡坡面和植被的散生,使风沙流受阻减弱,沙粒来回运动缓慢,所以整个迎风坡坡面不仅没有风蚀,而且有适度的积沙。因此,在这类沙丘上飞播,当年生的幼苗密度适中,且分布均匀,生长发育良好。这也是飞播保存率最高的沙丘类型。

③沙丘形态与幼苗密度的关系。据观察,沙丘形态不仅决定风蚀积沙程度,而且还是影响单位面积上幼苗密度的重要因素。飞播种子,一遇大风就随风产生移

动,因而使一部分种子被吹到能保存的沙丘部位,但由于沙丘的形态不同,种子被风搬移的情况亦不相同, 如表 4-1 中的台阶沙丘, 平均每平方米落种粒数为 39.3 粒,经大风多次吹移后,种子仍保存 33.5 粒;直线形沙丘平均每平方米落种粒数从 64 粒降到 14 粒,不同沙丘部位,其种子的再分配更为明显,其差异性较大,并多集中在迎风坡的覆沙部位。

表 4-1　花棒种子在不同沙丘形态上再分配情况

沙丘形态	调查面积（平方米）	每平方米落种粒数	大风后种子再分配情况（粒／平方米）	当年幼苗密度（株／平方米）
凸形沙丘	9	57.0	35.0	28.9
凹形沙丘	9	46.5	17.7	19.0
直线形沙丘	9	64.0	14.0	12.7
台阶沙丘	9	39.3	33.5	25.4

说明:①表中数字均为调查样方的平均数。②调查地点:沙丘迎风坡。③大风过后第二天在原设样方内调查。

必须指出的是,在选择飞播区过程中,仅仅依照某一种或两种沙丘形态作为选择飞播区的依据是不够的,要用综合因子来慎重选择飞播区。

2.沙丘密度的影响

沙丘密度是影响沙漠地区飞播治沙成败的因素之一。沙丘密度直接关系到飞播成林成草和生长发育。沙丘密度越小,则丘间低地面积越大,飞播成效高,成林成草快。反之,飞播成效低。

此外,即使是同一树(草)种,因地域不同,所适宜的沙丘类型和沙丘密度也不同。如杨柴在陕西榆林流动沙丘迎风坡上和半固定沙丘上,第三年幼林生长良好。而在鄂尔多斯地区多在平缓低矮的沙丘上,生长发育良好,第二年有少部分植株开花结籽,繁衍后代。再从不同树(草)种看,杨柴多适于流动沙丘迎风坡和沙梁顶部以及东侧的缓坡上生长;籽蒿在流动沙丘的覆沙部位和半固定沙地上生长良好,沙打旺和草木樨在沙丘丘间低地的下湿地段和半固定平缓沙地上生长发育良好。

3. 丘间低地的影响

从 1959 年至 1960 年乌兰布和沙漠中的巴彦高勒及库布其沙漠中的什拉召、展旦召三处飞播试验看,丘间低地面积占流沙总面积的百分率不同,则苗木保存面积率也不同。

伊金霍洛旗台格庙飞播区,是丘间低地面积大、丘高 3～7 米的中小型新月形沙丘链为主的流动沙漠地区,飞播后的当年成苗面积率为 45.6%～65.8%,经 4 个冬春风季后,保存面积率在 32.5%～41.7%,而且还有 10.4%～17.8% 的杨柴地下茎萌蘖苗和白沙蒿、草木樨、杨柴等种子更新苗。而在丘间低地狭小,丘高 7～15 米的中大型新月形沙丘链的流沙地区,飞播后当年有苗面积率虽达 27.9%,但播后的第五年,其保存面积率仅 6.1%。1978 年台格庙飞播区,丘间低地面积大的沙地占 70%;1980 年也是选择以丘间低地面积大,高 5～7 米的新月形沙丘链为主的流沙地区做飞播区,二年均取得了良好的飞播成效。

4. 不同沙丘类型的影响

1983 年,在阿拉善左旗巴彦浩特西南约 20 千米的腾格里沙漠东部边缘不同沙地类型流动沙丘,飞播蒙古沙拐枣、白沙蒿的成效有显著差异。缓起伏沙地的有苗面积率之所以比高大平行新月形沙丘链高 17.5 倍,其主要原因是缓起伏沙地沙丘高 1～2 米,沙丘密度小于 0.5,地形平缓,风蚀沙埋较轻。据群众反映,在 20 多年前,这里还是黑沙蒿固定沙地,虽因放牧等原因破坏了植被,但还残留有枯枝、枯根、骆驼粪,以及稀疏分布的沙竹、沙蓬、碱韭,对防止飞播种子位移和苗木风蚀起到了显著的作用。而高大平行新月形沙丘链,沙丘迎风坡较陡,无明显丘间低地,落沙坡和迎风坡基本相连,沙丘密度在 0.8 以上,基本没有天然植被,飞播后沙丘上无苗,仅在落沙坡脚处有少量苗,因而飞播有苗面积率仅 3.66%,为缓起伏沙地有苗面积的 5.4%。

在腾格里沙漠东缘、东南缘 2.16 万公顷不同沙地类型的流沙上进行的飞播试验,其飞播成效差异显著:1984 年头道沙子飞播区选择在平缓沙丘上(沙丘高度 1～2 米,沙丘密度小于 0.5),第四年保存面积率达 91%。

总之,沙丘情况是飞播治沙需要重点考虑的条件。沙丘高度越高,流动沙丘的比例也就越高,植物的生长基盘越不稳定,根系所受到的风蚀危害也就越严重;沙丘密度越低,植物的生长基盘越稳定,萌芽率越高,生长状况也会越好。在没有人为破坏的前提下,平缓沙地原有植被也能得以自然恢复,所以飞播治沙尽可能筛选沙丘密度较低的地块。

鄂尔多斯飞播治沙主要筛选沙丘平均高度在 0～15 米、沙丘密度低于 0.75 的地块进行;沙丘高于 15 米,沙丘密度高于 0.6 的大沙地带不宜开展飞播治沙造林种草。

5. 原有植被的影响

沙地地形不同,植被类型亦不相同。植被的种类、盖度和定居沙丘的部位,直接影响着沙丘形态,而沙丘形态又影响着飞播苗的保存和分布。实践证明,植被类型和植被盖度对沙漠地区飞播治沙种草的成效影响十分明显。

早期的飞播造林种草治沙实施中没有沙障的设置,播种后种子随风移动现象明显,特别是迎风坡种子难以存留,漂移的种子产生带条状或低洼地带集中成片堆积现象,使得飞播治沙的植物种萌发生长分布不均匀,流动沙丘难以固定,在风力作用下会继续移动, 萌发生长的目的植物种极易被沙埋, 导致飞播治沙项目的失败。地面生长的原有植被能很好地阻挡并固定飞播种子,一定程度上让种子分布均匀,萌发生长便能很好地固定沙丘,起到治沙目的。

1980—2008 年是飞播治沙迅猛实施期,鄂尔多斯飞播地块立地条件相对较好,地块原有植被盖度较高,一般选择植被盖度在 15% 左右的地块进行飞播造林。2008年以后,大面积高质量宜飞播地块逐渐实施了飞播造林种草治沙项目,飞播地块逐渐推向立地条件较差的偏远沙区, 原有植被盖度要求也逐渐降低,多数在 10% 以下,但随后飞播项目也开始了人工沙障的设置。特别是最近几年的飞播项目,主要在库布其沙漠远沙大沙实施,原有植被稀少,盖度基本在 10% 以下,人工沙障设置显得尤为重要。

流沙中生长着适度的天然植被,不仅能增加地表的粗糙度,降低风沙流,减轻飞播种子位移和幼苗风蚀,而且能提高飞播幼苗保存面积率,促进幼苗生长发育。植被覆盖度的大小和定居部位,直接影响着沙丘形态。植被覆盖度过大,将影响种子覆沙,降低种子发芽率与苗木保存率,影响飞播苗生长量及天然更新扩展。

1978 年在毛乌素沙地飞播区,飞播的杨柴,幼苗保存面积率高,关键在于航带内自然分布有覆盖度为7.5%的沙柳,沙柳所在沙丘迎风坡上部、中下部和丘间低地,能有效降低风速,因而在迎风坡上保留了较多的杨柴幼苗。

6.水文土壤条件的影响

鄂尔多斯地区年降雨量自东南向西北逐渐递减,在呼和木独镇、伊和乌素苏木、巴拉贡镇境内库布其沙漠分布有一定面积的薄层沙漠,沙层较薄,厚度在0~1.2米之间,下层多分布为灰漠土或棕钙土,土质硬,有20~40厘米的干土层,上下两层的土质不同,土壤水分毛细管形成断层,有效降雨稀少,沙层蓄水不足,难以维系飞播目的植物的正常生长,飞播目的植物种根系难以扎根到下层土壤中,不能吸收利用下层土壤层水分,飞播很难成功,该种地块不宜实施飞播治沙项目。

鄂托克前旗和鄂托克旗境内的五大沙区也有部分该性质沙区分布。两个区域一个在库布其沙漠一个在毛乌素沙地,除了有共同的立地条件和同等水平的降雨外,还均处在强劲的风口处,常年多风干旱,条件极差,均不作为飞播治沙的选择地块。

有效降雨是飞播治沙成败的关键因素,飞机撒播种子后,种子经几天的风吹沙埋,如果有一场20毫米以上的有效降雨,年度飞播治沙项目的成功率将会更高,再经过3—5年的自然落种,立地条件好的地段基本可以实现成林。所以,鄂尔多斯飞播治沙工程一般选择安排在有效降雨量在100~300毫米的沙区地带实施。

地下水埋深度在2~10米的沙地亦可选为飞播造林地块。

(三)农牧民的配合

20世纪90年代我国基本农田、荒山荒地基本完成了包产到户,飞播治沙地块多数已经分给农牧民生产经营,在农牧民经营的土地上开展飞播治沙项目,成功与否与农牧民的积极配合息息相关。

鄂尔多斯飞播造林种草试验成功后,随着陆续推广,沙地上植被开始丰富,生物量逐年提高,供给牲畜的饲草料显著增加,沙进人退、风沙逼着人们背井离乡的现象得到一定的好转,而且飞播治沙速度快、成本低,农牧民非常认可,积极性很高,宁愿禁牧五年,自己投工投劳也踊跃申请国家的飞播造林种草项目,鄂尔多斯飞播造林种草治沙迎来了快速发展的辉煌30年。

近些年,随着各种国家重点营造林项目的不断实施,全民自发积极参与植树种草,全市沙化土地得到了全面系统的有效治理,鄂尔多斯这片沙海茫茫的土地逐渐回归绿色,农牧民生存环境得到显著改善,生活条件明显提高。2008年以后,大部分立地条件优良的飞播区已经实施过飞播项目,立地条件较好的飞播地块越来越少,飞播项目的实施逐渐推向远沙大沙,成效也逐渐降低,飞播地块不再设置网围栏的投资,农牧民参与飞播治沙的积极性也逐渐减退。

无论早期还是现在,飞播地块选定后必须与地块所有者的农牧民沟通协调,征求农牧民的同意,且自愿在飞播后五年内全面禁牧,不破坏围栏等设置,才能保证飞播治沙的成效。

三、宜播地块甄别

飞播造林种草治沙是飞播小班内全面无差异播种,但并不代表筛选的地块每个小班内所有区域均是宜播区,非宜播区在飞机播种时也不能人为停止撒种,为提高飞播治沙的成效,提高财力人力物力以及种子资源的利用率和效益价值,地块筛选时就要求技术人员一定要认真核实飞播小班非宜播面积的比例。

鄂尔多斯早期飞播治沙中,因飞播地块地理位置、气候和立地条件相对较好,特别是毛乌素沙地小块状分布有原始植被,飞播地块非宜播面积比例较低;近些年的飞播地块多选择在库布其沙漠,主要是高大沙丘,密度较高,非宜播面积也随之升高。总之,无论毛乌素沙地还是库布其沙漠,鄂尔多斯地区飞播治沙的非宜播区面积超过飞播小班地块总面积的30%不执行飞机播种作业,不实施飞播治沙项目。

非宜播地的判定主要考虑以下几种因素:

(1)原有植被盖度。沙区特别是毛乌素沙地新月形沙湾低地中一般生长原有沙生植被,植被盖度超过40%,该部分地块划分为非宜播地。

(2)原有植被种类。毛乌素沙地和库布其沙漠中的沙丘间低洼地或滩地上生长多种草本植物,有芦苇、针茅、苃苃草、甘草等,且植被盖度超过60%,该种地块也划为非宜播地。

(3)沙丘的高度。鄂尔多斯地区飞播治沙主要实施点均有高大沙丘分布,毛乌素沙地的高大沙丘相对较少,库布其沙漠较多。高大沙丘流动性强,背风坡持续推延性沙梁,上部基本没有原有植被分布,迎风坡飞播落种难以存留,飞播落种萌发成苗极低。沙丘相对高度大于30米,迎风坡2/3以上部分划为非宜播地。

（4）土地类型。草滩、湿地、盐碱滩等地类为非宜播地。

在筛选的播区中难免存在小块面积的草滩、湿地、盐碱滩等地类。飞播地块的筛选是以整体地块的立地条件进行考量判断的，不可能因为有小面积的草滩、湿地或盐碱滩而否定整个飞播地块飞播造林的可行性。

在综合判定非宜播地面积的情况下，剩余面积即为宜播面积，宜播面积与飞播小班总面积的比例大于70％，该地块判定为适合飞机播种作业。

第二节　沙障设置

土地沙漠化生态治理措施主要包括固沙和治沙。固沙即为固定沙丘流动，让流沙固定不再移动；治沙是治理沙漠化的土地，让其变为可利用土地。沙障是目前沙漠防风固沙工程的常用手段，对于固定流动沙丘有重要作用。

沙障又称机械沙障、风障，是用柴草、秸秆、黏土、树枝、板条、卵石、布袋、草绳等物料在沙面上做成的障蔽物，是消减风速、固定沙表的有效工程固沙措施，是防风固沙工程中一项重要措施。沙障可以控制风沙流的方向、速度和结构，改变流动沙丘的侵蚀和沉积状态，从而固定流沙、改变风的作用力和风蚀区地貌状况。

早期飞机播种基本不涉及地面沙障设置工作，随着飞播治沙项目实施地块逐渐转移到立地条件较差的库布其沙漠中段和七星湖周边后，沙障设置就成为飞播治沙的必要工作了。

一、沙障设置的作用

（一）飞播沙障设置的必要性

随着飞播治沙项目以及国家重点生态建设项目的实施，毛乌素沙地除乌兰陶勒盖镇、乌审召镇等还集中连片保留有一定面积高大沙丘外，其余部分已经实现了治理，植被盖度平均达到75％以上。库布其沙漠周边地区、穿沙公路两侧、中部达拉特旗段、东部准格尔旗段，水分条件相对较好、沙丘平缓的地区也实现了沙化土地的基本治理。

近几年飞播项目主要集中在库布其沙漠中西部杭锦旗段和毛乌素沙地五大沙区范围内。

两个地区基本上拥有同样的气候特点和立地条件，沙丘大、密度高，气候干旱，降雨稀少,风多且强,风蚀严重,地表植被稀少,植被盖度多数小于10%,风沙活动强烈,流动沙地多,移动快、距离长,平均每年流动速度5~10米,局部地区可达11~15米,沙埋严重。

沙丘上没有天然植被的阻拦,飞机播下种子后不能均匀分布,随风飘移,堆积在背风坡低洼处,一场大风过后,种子全部被深度沙埋,萌芽顶出地面困难,飞播成效不能保障。

飞机播种后遇到好的年份,飞播植物种正常萌芽生长,但沙丘尚未固定,迎风坡上的幼苗在风蚀的作用下,部分会被连根拔起,背风坡生长的幼苗完全沙埋,苗木损失严重,飞播难以实现预期效果。

机械沙障能有效减弱地表风力,固定沙面,减少风蚀,为固沙植物的初期种植和播种创造一个稳定的生长发育环境。在自然条件较差的地区,机械沙障是防风固沙的主要措施,同时也是保障目的植物种正常萌芽和生长的前提和必要条件,特别是飞播种子能均匀分布在沙障基部周围,呈条带状分布,易于沙埋,有效降雨后即可萌芽生长。在飞播造林种草治沙项目实施过程中,鄂尔多斯林草工作者意识到沙障设置的重要性,开始在播区设置沙障,从而提高飞播治沙的成效。

(二)沙障的设置种类及作用

根据沙障功能、铺设形态、沙障高度、材料等划分沙障种类。按照沙障的材料高出地表的高度,可以划分为高立式沙障(高出地面50~100厘米直立式)、低立式沙障(高出地面20~50厘米直立式)、平铺式沙障(高度在20厘米以下)和隐蔽式沙障;根据设置沙障时使用材料的性质,可以划分为植物材料沙障、物理材料沙障和工业品材料沙障;根据设置直立式沙障的孔隙度差异,可以划分为通风结构、疏透结构和紧密结构或不透风结构沙障。

流动沙地上设置沙障的类型主要包括草方格沙障、黏土等平铺式沙障、枝条沙障、植物插条沙障、植物—插条复合型沙障、直播植物沙障和塑料纱网沙障等。

鄂尔多斯地区飞播治沙项目实施中,沙障设置均采用平铺式植物材料(枝条)半疏透半紧密结构型沙障。

设置沙障是目前世界上防沙治沙、控制风沙危害的重要应用技术。沙障主要通过控制风沙流方向、速度、结构,防止风沙危害,保护目的植物成活和生长,达到防风治沙的目的。在流动沙地设置沙障后,能够提高地表粗糙度、降低风速、减少输沙量,从而固定流沙,减少风沙危害,流沙表面的蚀积状况的改变,能有效避免植物种子被风蚀沙埋或裸露表面,并拦截大量的植物种子,有利于种子萌发,为先锋植物生长定居、繁殖和种群扩展提供了相对稳定的生境,提高了植物多样性,使1—2年生的单一先锋植物向多年生灌草植物演化,并逐渐恢复生态系统的正向演替过程。

设置沙障还能够有效地拦截风沙流中的细颗粒物质,改善流动风沙土的理化性质,为植物生长提供更多的养分,促进流动风沙土向半固定、固定风沙土演变,提高生态系统的生产力水平。另外,设置沙障还有利于沙漠生物土壤结皮的形成,提高了抵抗风蚀危害的能力,并在表层聚集细颗粒物和营养物质,对区域生态环境良性化、土壤发育等也具有促进作用。

二、飞播区沙障设计

(一)材料选择

沙障材料选用必须达到取材容易、价格低廉、易于运输、便于使用等条件,一般采取就地或就近取材。常用的植物沙障材料有稻草、麦秸、禾草、黄柳、沙柳、沙蒿、芦苇、蒲草、玉米秸秆、葵花秆、芨芨草等;工业品沙障材料主要有聚乙烯网、尼龙、聚乳酸纤维袋、聚酯纤维、棕榈垫、无纺布、编织土工布、植物纤维纱网等;物理沙障材料主要有黏土、石头、水泥、砾石、煤矸石等。鄂尔多斯地区主要选用沙柳、沙蒿等植物材料设置沙障。

图4-1 五大沙飞播沙障设置(鄂托克旗林草局提供)

图 4-2　航拍沙障设置(鄂托克旗林草局提供)

图 4-3　设置沙障验收(闫伟拍摄)

　　库布其沙漠立地条件相对较好地段和毛乌素沙地的半月形洼地中常分布沙柳、沙蒿等天然植被。飞播区沙障设置一般就近采用平茬方式获得沙障材料,本着就地取材、运输方便、节省人力物力、不破坏当地现有植被的原则执行。库布其沙漠中段和西段的飞播常采用材料购置方式获取沙障材料,主要是芦苇和沙柳。

　　(二)设置面积

　　根据播区的立地条件、沙丘密度、沙丘高度的不同,设置不同面积的沙障。2008

年至今,鄂尔多斯地区飞播治沙项目沙障设置的比例一般为播区作业面积的30%。

(三)沙障设置

沙障设置时间一般选择春节后的3—4月,在飞机播种前全部完成沙障的铺设工作。

为达到防护效果,降低风速,固定流沙,达到截留飞播种子,起到飞播区沙障最大作用的目的,沙障一般设置在沙丘迎风坡坡底向上三分之二以下部位。沙柳为播区沙障的主要原料,一般设置为4米×6米的平铺式带状沙障,4米是指沙障带上固定桩子的距离,6米是指沙障带间距离(不超出6米),多数带间距为4～6米;沙蒿为原料的播区沙障,一般设置带宽为4米的低立式带状沙障。沙障设置图如下。

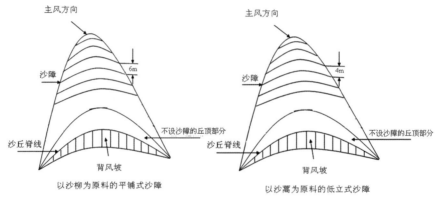

图4-4　沙障设置示意图

图4-5　沙障设置效果图(那顺吉日格拉拍摄)

平铺式沙障属固沙性沙障，沙障设置从坡底部开始向上至三分之二或二分之一处，根据沙丘坡度设定，低缓小于 25 度的沙丘一般设置在三分之二处，大于 25 度的沙丘一般设置在不超出二分之一处。将沙柳等材料平铺成行，铺好压土，每隔约 4 米交叉扦插沙柳条，条长 60 厘米以上，插深不低于 40 厘米。带状平铺式沙障背风面 0～50 厘米、迎风面 0～30 厘米为积沙区。

飞播种子落种后能得到沙障的有效阻挡截留和覆土，遇有效降雨，上下干湿沙层毛细管联通后，飞播种子很快能萌发生长。因为有防风固沙作用，沙障两侧一侧是阻沙带，另一侧是积沙带，遇强劲大风也不用过于担心风蚀问题，萌发苗木能安全生长，这样可以显著提高飞播造林种草成活率和保存率，起到治沙效果。

图 4-6　沙障设置效果图（那顺吉日格拉拍摄）

三、沙障运营模式

（一）早期沙障的设置

20 世纪中叶，鄂尔多斯先后建立了 26 个国有林场和治沙站，拥有职工数千名，这些场站林业工人一直是营造林的第一线施工人员。早期飞播造林种草治沙项目投资标准低，多数农牧民也是自愿投工投劳，积极参与飞播治沙。早期飞播区沙障设置主要由场站职工和农牧民无偿实施。

（二）实施招投标

2000 年至 2014 年，飞播项目基本是由旗区林草局负责实施。飞播的沙障基本采取招投标的方式,由中标企业负责实施,旗区林草局作为工程管理单位,负责组织技术人员进行现场技术指导和验收工作。

（三）多种实施方式并举

近几年,飞播区沙障设置的组织实施形式逐渐多样化。为与精准扶贫工作相衔接,部分旗区选择农牧民合作社形式实施,每个合作社均有贫困户人员参与,合作社组织人员完成沙障的铺设工作,沙障设置费直接支付给合作社,合作社进一步分配给各成员;飞播地块基本都是由农牧民负责经营,部分农牧户会选择自己设置沙障,完成铺设后以合同形式支付沙障费;沙障材料需购置、运输困难的偏远沙区,因成本较高,需要垫资,农牧民不愿自己承担沙障设置的播区,依旧选用招投标制,让企业、公司实施沙障铺设。

四、沙障的验收及投资

（一）工程验收

飞播地块沙障设置实施过程中,旗区林草局派专业技术人员实地技术指导和施工监督,工程竣工后,实施主体负责人向旗区林草局申请工程竣工验收,林草局派 3 或 5 名技术人员进行实地验收。验收主要指标包括沙障实施面积、设置材料、设置高度、设置规格、设置位置等,技术人员现地填写验收单,查验数据汇总,综合判定沙障设置是否合格,验收签字,并出具验收报告。工程承包人依据验收报告申请资金支付。

（二）投资情况

2000 年以前,鄂尔多斯飞播治沙投资标准为每亩 5 元。2000 年开始,飞播治沙投资标准提高到每亩 50 元,其中国家投资每亩 40 元,地方财政配套每亩 10 元。2011 年飞播治沙投资标准提高到每亩 120 元,不再要求地方财政配套。2016 年飞播治沙投资标准再次提高到每亩 160 元,全部为中央预算内资金。

2000 年以前,鄂尔多斯地区飞播治沙基本不涉及沙障的铺设,2000 年以后各飞播区开始陆续探索沙障的铺设,2005 年以后飞播地块沙障设置普遍推开。多年来鄂尔多斯飞播地块沙障设置面积基本根据经验值,按照飞播地块 10%～30% 的面积进行铺设。2010 年以前,沙障设置标准每亩 10 元左右,基本是沙丘平缓、交通运输方便的地块;2011 年以后,特别是近几年,随着人工费、沙障材料等价格升高,飞播地块沙障设置费也逐年水涨船高,特别是库布其沙漠中西段的大沙中,沙障设置

(包括作业便道)标准达到每亩 500 元以上。

　　2008 年,鄂托克前旗天然林保护工程飞播造林治沙总投资 250 万元,总任务 5 万亩,沙障铺设面积为 1.68 万亩,沙障投资为 16.8 万元,只占项目总投资的 6.7%。2021 年,杭锦旗天然林保护修复飞播造林治沙项目总投资 800 万元,总任务 为 5 万亩,沙障设置面积 0.65 万亩,投资为 364 万元,沙障设置每亩投资 560 元, 占项目总投资的 45.5%。

第三节　地面处理

一、地表处理

　　硬梁地:硬梁地的飞播十分困难,地表由于长时间的裸露,变得坚硬而且光滑, 飞播种子很难在地表停留,更难以扎根生长。为了提高该地区的飞播成效,采用飞 播造林前进行划破地表皮的办法,由于地表粗糙度的增加,可以有效地防止种子位 移,被划破的地表便于种子覆土。飞播造林前进行划破地表皮并结合飞播后覆土的 方法,此方法虽然费工,但可以防止飞播种子位移和提高覆土的成功率。

图 4-7　飞播前划破地表皮(王丽娜提供)

　　沙区:鄂尔多斯地区在飞机播种造林种草治沙试验阶段,采用人工或机械用木 耙、铁耙破土覆土的相关试验,效果很好。后期飞播项目实施过程中也采用过相关 措施,但是因为沙区飞播地块面积大,人工或机械破土、覆土措施耗时耗力,实施困难,逐渐不再采用。2005年以前,还采用过将羊群赶入播区,用踩踏的方式增加地表粗糙度,促使飞播种子经羊群践踏后覆沙,以提高飞播种子发芽率、保存率。目前,因为有沙障的设置,播种后也基本不再采用驱赶羊群进入播区踩踏等覆土措施。

二、地面处理效果分析

"鄂尔多斯地区飞机播种柠条造林技术研究与示范"课题研究组应用不同的方式对飞播区地面处理后,随机抽样对不同方式处理后飞播植物种的成苗情况进行了调查。调查数据只记录了当年种子的萌发数量,没有进行连续跟踪调查。

表4-2 地面处理与对照样方内柠条成苗状况(硬梁地)

组数	地面处理样方内成苗量(株)			未处理对照(株)
	播前破土	播种后覆土	综合措施	
1	35	33	43	10
2	82	75	87	23
3	24	18	84	11
4	21	20	85	6
5	37	12	26	7
平均	39.8	31.6	65	11.4
备注	各组为30个1米×10米样地的平均值			

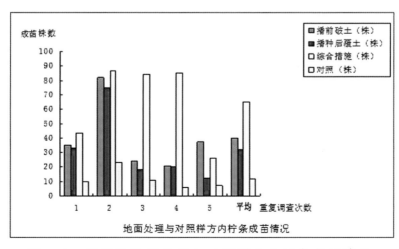

图4-8 硬梁地地面处理与对照样方内柠条成苗情况

表 4-3　地面处理与对照样方内柠条成苗状况(沙地、沙丘)

组数	地面处理样方内成苗量(株)	未处理对照(株)
	播种后覆土	
1	30	9
2	70	22
3	23	9
4	19	8
5	15	6
平均	31.4	10.8
备注	各组为30个1米×10米样地的平均值	

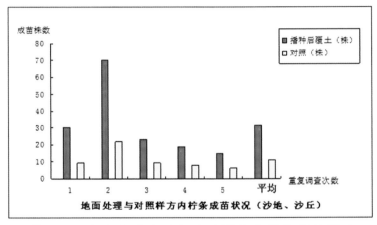

图 4-9　沙地地面处理与对照样方内柠条成苗情况

表 4-4　地面处理与对照样方内柠条成苗状况(丘陵沟壑区)

组数	地面处理样方内成苗量(株)			未处理对照(株)
	播前破土	播种后覆土	综合措施	
1	26	29	47	6
2	77	71	69	11
3	24	16	77	12
4	19	19	80	4
5	39	32	33	5
平均	37	28	61.2	7.6
备注	各组为30个1米×10米样地的平均值			

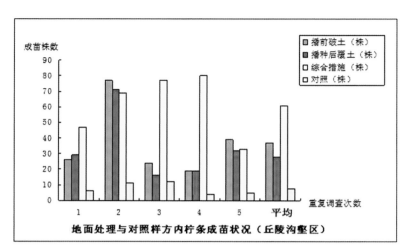

图 4-10　丘陵沟壑区地面处理与对照样方内柠条成苗情况

固定样方调查实践证明,凡是采用飞播前破土的飞播区,接种率可达90%,而且不发生位移,柠条出苗率可达80%以上,苗木100%在铁耙沟内生长,且均匀分布程度与人工播种相似。凡采用综合措施的飞播区,接种率可达90%,而且不发生位移,柠条出苗率可达85%以上。硬梁地、沙区、丘陵沟壑区的飞播造林试验中柠条发芽成苗情况见表4-2、表4-3和表4-4。

该课题组对播后采取人工措施(包括牲畜践踏)对柠条成苗率的影响进行了专项调查。结果见表4-5、表4-6和表4-7。

表 4-5　播后人工覆沙处理对柠条成苗率影响的调查对比

飞播区	成苗率(%)										备注
	覆沙器处理				平均	对照(未处理)				平均	
乌兰吉林	37.8	25.4	19.8	21.7	26.2	3.8	5.2	4.1	2.9	4	
桃力民	23.6	19.4	22	22.2	21.8	5.6	4.8	7.1	5.7	5.8	
平均					24					4.9	

表 4-6 播后牲畜践踏覆沙处理对柠条成苗率影响的调查对比

飞播区	成苗率(%)									备注
	牲畜践踏处理			平均	对照(未处理)				平均	
吴四圪堵	31	29.8	43.4	25.53	32.31	10.9	8.9	9.6	8.6	9.5	
乌素其日嘎	47.13	26.62	15.43	34.18	30.84	3.2	9.6	5.8	9.8	7.1	
平均					31.57					8.3	

表 4-7 播后牲畜践踏或人工覆沙处理对柠条成苗率影响的统计对比

飞播区	成苗率(%)		
	牲畜践踏或覆沙器处理	对照(未处理)	提高
吴四圪堵	32.31	9.5	22.81
乌素其日嘎	30.84	7.1	23.74
乌兰吉林	26.2	4	22.2
桃力民	21.8	5.8	16
平均	27.8	6.6	21.2

以上数据表明,只要解决了覆土问题,各物种成苗率就会大幅度提高,柠条最为明显。通过本项试验研究结果完全可以证实,无论是飞播前或是飞播后实施地面处理都取得了显著成效,提高了飞播治沙植物种成活率和保存率。

第四节 围封措施

一、围封作用

(一)围封意义

20 世纪 80 年代内蒙古牧区发生 5 次大旱,草原退化面积扩大到 39.4%,天然草原生产力不断下降,全区沙漠及沙漠化面积又增加了 333.33 万公顷。20 世纪 90 年代,全区草原退化面积进一步扩大到草原总面积的 52%,以每年 24.66 万公顷的速度持续沙化。1983—1999 年内蒙古年末牲畜总量却从 3539.8 万头(只)增长至 5147.6 万头(只),增长了 45.42%。2000—2018 年,内蒙古年末牲畜总量从 4912.0 万头(只)增长至 7277.9 万头(只),增长了 48.17%(数据来源为《内蒙古统计年鉴》)。牲畜数量快速增多、草场资源持续减少或后期缓慢改善的过渡期间,自治区

"草畜人"关系进一步紧张,草场资源过度使用的问题凸显。

进入21世纪,国家加大了草原保护力度,农牧民也迫切需要对自家草场进行保护。同时,国家对部分地区牧户建立围栏进行资金扶持,低成本、低安装难度的刺丝围栏和铁丝网围栏出现以及围栏建立技术的改进等,降低了牧户建立围栏的难度和成本,从而使得牧户围封草场得到快速发展。

图4-11　2002年布尔陶亥飞播区围栏内外植被对比(准旗林草局提供)

多个研究团队通过多次实验证明,草场或沙地设置网围栏能显著增加植物群落的盖度、密度、生物量和丰富度。沙地设置网围栏五年,蒿群系植物高度、盖度、地上生物量和物种丰富度分别能提高58.9%、59.45%、33.3%和51.2%,其他草本以及禾本科植物均有显著增加;围封年限对植被恢复也有着较大影响,围封6年植物群落增量显著,6—10年植被群落也呈增加趋势,但总体缓慢,在围封12年时群落特征值达到最大。鄂尔多斯地区飞播项目围封年限设定为五年,围封第五年时飞播目的树种杨柴演替成优势种群落。事实证明围封能显著增加荒漠植物、土壤微生物多样性以及荒漠植物群系群落生产力,是恢复荒漠生态的有效方法。

网围栏在鄂尔多斯地区大范围推广使用,不但有效地缓解了畜草矛盾,客观上也推动了鄂尔多斯市草原产权的不断明晰,为地区牧业生产效率的不断提高、畜牧业的可持续发展作出了重要贡献。

（二）飞播项目围封的必要性

鄂尔多斯地区飞播造林种草治沙项目绝大多数在流动沙区、沙化土地或是退化草场上实施，地表植被稀少，生态脆弱，极易被破坏。20世纪，地区农牧业高速发展，牲畜数量成倍增加，未广泛推广建设优质草场，绝大部分是普通天然草场，靠天恢复，舍饲圈养未全面推广，农牧民养殖的牲畜基本采用放养的形式，沙地和沙漠化土地植被恢复困难，导致草场大面积退化。

放牧对草地土壤的物理结构、植被等均有明显的影响。牲畜通过采食、践踏以及对营养物质的分散和再分布影响着土地养分的周转，从而使土壤中各种养分的积累量也随之发生变化。当放牧管理不当时，空间营养库之间养分驯化过程中养分分配就会发生变化，土壤养分的蓄积减少，并被逐渐耗尽，在物理退化的同时，也会进一步导致化学退化，从而导致土地贫瘠，加之地面植被逐渐稀疏，沙质土壤不能很好固定，土地开始沙化。

飞机播种后萌发的杨柴、花棒、柠条等植物，前三年较为脆弱，牲畜特别是山羊啃食过程中容易连根拔起，飞播植物种的保存率会显著下降，严重影响飞播治沙成效。

网围栏的设置可有效防止牲畜进入项目区，让飞播植物种得以有效萌发和生长，播区地块的原始植被也能得到很好的保护和修复，土壤水分等立地条件也能得到改善。所以，飞播地块网围栏的设置意义重大。

2010年以前，鄂尔多斯地区飞播地块均有网围栏的设置，是在农牧民自愿实施飞播项目，并安装网围栏禁牧五年的前提下实施的。

2011年以后，一是由于地区经济的快速发展，农牧区人民生活条件全面改善。二是在城市虹吸作用下，社会人员结构快速变化，沙区生活的年轻人逐渐减少。三是养殖牲畜数量趋于稳定，养殖结构更趋合理。四是随着地区禁牧政策的有效实施，鄂尔多斯地区飞播项目逐渐不再需要网围栏的设置。

但2019年至今，过度放牧，草畜失衡问题有所抬头，飞播围栏必要性又凸显出来。

二、围封技术

（一）网围栏规格设计

1. 预制件

水泥柱：要求四面平整光滑钢模生产，几何尺寸误差四周±3毫米。水泥标号为

425 无碱水泥,钢筋混凝土强度 C30,振动方式为平台振动。

主筋:水泥柱内具有预应力的 4 眼 5.5 刻痕冷拔钢筋。

箍筋:在 2 米主筋范围内设三道箍筋,箍筋为 φ4(电焊)。

角柱(门柱):长×宽×高 =180 毫米×180 毫米×2200 毫米。

普通柱:长×宽×高 =100 毫米×100 毫米×2000 毫米。

分栏柱:长×宽×高 =140 毫米×140 毫米×2000 毫米。

水泥柱上部刻印凹形"天保林"标志字样,并用红油漆喷印。水泥柱制成后,在预制厂养护到设计标号的 85% 以上方可出厂使用。

2. 网围栏网片

网片规格:横线 7 层,90 厘米高(1～8 层,间距分别为 12、13、15、16、17、17、20 厘米),竖线间距 40 厘米。网片钢丝规格,第 1 和第 7 层为 12#(φ2.8 毫米)镀锌钢丝,第 2、3、4、5、6 层为 14#(φ2.6 毫米)镀锌钢丝(见图 4-12)。

刺丝:两根线径为 2.2 毫米镀锌钢丝拧结,每隔 8 厘米打一个刺。

(二)围栏施工要求

1. 组合结构:水泥柱、7 层网片(或钢丝),顶层第八层为刺丝。

2. 围栏柱间距:平地 8 米,起伏地段 6 米。

3. 围栏大门:宽度 6 米。

4. 拉线:围栏拐弯处根据地形打 1～2 道拉线,拉线与角柱成 45°角。若围栏拐弯≥120°角,打一道拉线,拉线在地面投影平分拐弯角度,若围栏拐弯≤90°角,打两道拉线,拉线分别与水泥柱(拐弯处)两侧围栏同向。

5. 地锚线:围栏经过起伏较大地形时,低洼处打 1 至多根地锚线(地锚线接到网片竖线上,且在同一直线上)。

6. 围栏底线距地面高度 10 厘米左右。

7. 普通柱、分栏柱地埋深度 60 厘米,角柱地埋深度 80 厘米。

8. 围栏松紧度(网片拉力):要求用人力下压小于 5 厘米。

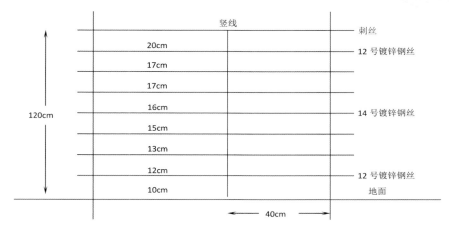

图 4-12　飞播区围栏平面示意图

（三）标志牌设置

标志牌用长 150 厘米、高 100 厘米、离地高度 190～240 厘米，牌面框架为 50 毫米的角钢，用 2 毫米铁皮焊接，支撑腿为 50 毫米角钢，埋深 60 厘米。

标志碑用于路边、村旁播区，标志牌用于偏远播区。

每块播区设置标志牌 1 个，根据实际情况设置标志碑，一般设置 1～2 座。

标志牌（碑）所写内容：播区名称、播区面积、播种日期、主要飞播植物种、播种量、地面保护设施，包括围栏总长、围栏柱规格、沙障设置面积、工程负责人、技术负责人、年月日等。

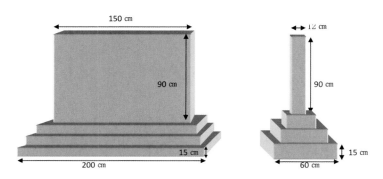

图 4-13　标志碑正、侧面立体示意图

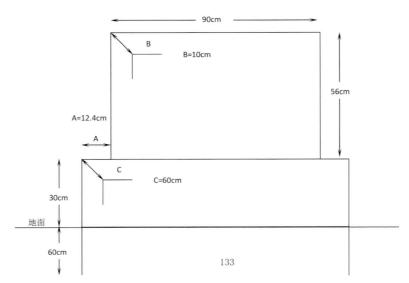

图 4-14   飞播区标志碑平面示意图

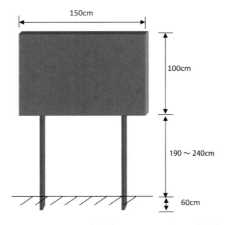

图 4-15   标志牌正面立体示意图

第五章 鄂尔多斯飞播治沙的植物种及处理技术

第一节 飞播植物种的选择

一、飞播植物种的选择原则

在飞播治沙环节中,飞播植物种的正确选择,是播后能否成林成草的关键。植物种选择不当,飞播成效低,造成人力、财力和种子浪费。即使能成活,飞播植物长势衰弱或生态效益、经济效益不高,不仅影响沙区生态治理,而且会造成一定的经济损失。

鄂尔多斯毛乌素沙地、库布其沙漠干旱少雨,流沙地上干沙层厚,流动性又大。在这种特殊的生境条件下,要想飞播造林种草获得成功,飞播植物种选择必须严格。鄂尔多斯飞播植物种的选择,遵循自然、因地制宜、适地适树适草、防风固沙、致富惠民等原则。

适合鄂尔多斯的飞播植物种应具有吸水力强、发芽快、扎根迅速、覆沙容易、耐干旱、耐风蚀沙埋、自然更新容易、固沙能力强等生物学特性。这样,可以在防风固沙的基础上提高经济价值,使飞播效益最大化。

二、鄂尔多斯飞播植物种的选定历程

(一)鄂尔多斯飞播摸索阶段的植物种选择

1959 年,鄂尔多斯首次在库布其沙漠的中西段,以高大格状沙丘为主的沙地上飞播多种灌草植物种 6 万多公顷,由于种种原因失败。1960 年,在 1959 年的播区进行复播,两次飞播的植物种主要有沙蒿、兴安胡枝子、绵蓬、苦豆子、麻子、糜子、草木樨、沙米等,但保存面积率仅有 1%～3%。

(二)鄂尔多斯飞播初试阶段的植物种选择

1978—1982 年,总结分析飞播失败原因后,在水热条件较好的毛乌素沙地开展了飞播造林种草治沙初试,试验植物种有杨柴、籽蒿、中间锦鸡儿、柠条锦鸡儿、草木樨、沙打旺、紫穗槐、花棒、沙米等。当年有苗面积率达到45.6%,三至五年飞播植物种保存面积率为36.2%~41.7%,长势良好,杨柴、籽蒿和草木樨结实丰硕,飞播试验获得成功,播区发生显著变化。

鄂尔多斯遵循适地适树适草、尊重自然的原则,选择适合沙区生长的乡土树种,表现良好,在飞播植物种的选择方面取得了显著成果。

以下是初试阶段所选取植物种的表现:

(1)杨柴。杨柴种子扁平,表皮有皱纹,能紧贴沙地表面,播后不易随风产生位移,利于自然覆沙。覆沙后种子遇中雨以上的降水,即可发芽出土。1978年飞播的杨柴,当年成苗面积能达到46%,其中72.3%的幼苗分布在流沙上;当年植株平均高16厘米,最高34厘米,主根一般长约50厘米,最长87厘米,经过几个冬春风季后,经五年成效调查,保存有苗面积率仍在30%,其中保存植株的31.2%分布在流沙上。

1980年飞播区杨柴当年保存面积率37.3%,第三年仍有25.2%;其中一个杨柴单播区,第三年全播带杨柴植株保存率达40.8%。二至三年生的杨柴植株,往往由1株萌蘖成10~20株,甚至有的植株第五年周围的萌蘖苗有103株,覆盖面积达72平方米。由于杨柴植株分枝多,灌丛大,只要保存一株就能萌生一片,显示出强有力的固沙作用。

(2)籽蒿。籽蒿播后易于自然覆沙,覆沙后的种子,遇水胶质溶解,并与种子周围的沙粒胶结成团,自然形成大粒化。自然大粒化的种子,既能防止种子位移,又有利于种子吸水发芽。1978年飞播的籽蒿,当年有苗面积率达到46.8%,播后第五年保存有苗面积率仍能达到20%。沙压的籽蒿可达185厘米,萌发枝多达120条,每丛冠幅可达187厘米×275厘米。

(3)草木樨。草木樨播后当年发芽面积率仅5.9%,但第三年有苗面积能占播区保存面积35%。1978年的飞播试验区第二年秋开始打草,全播区可收割草木樨及其他杂草60万~100万斤。实践证明,草木樨、沙打旺可以改变飞播区的植物群落结构,提高沙地利用率。

(4)柠条。柠条当时试验未做任何处理,柠条种粒大,覆沙困难,播后易"闪芽"。播后第五年其保存面积1.4%。

(5)紫穗槐。紫穗槐种子发芽困难,1978年试验当年,9月初连日阴雨后发芽的幼苗未木质化受冻害死亡,效果极差。

(6)花棒。花棒在沙丘迎风坡进行人工散播试验,当年保存面积率36%,幼苗平均高10.5厘米。但经第一个风季后,仅少数植株在风蚀小的地带保存下来,生长发育良好,第四年高可达213厘米,冠幅95厘米×167厘米,表现较好。1982年开始作为杨柴的伴生树种用于飞播。

(7)沙米。沙米天然落种的群体对飞播植物种的初期生长有保护作用,被确定为飞播用种。

初试试验的飞播植物种以杨柴和籽蒿的保存情况及生长状况为最好,初试确定沙生、灌木杨柴和半灌木籽蒿为毛乌素沙地优良飞播植物种。

(三)鄂尔多斯飞播中试阶段的植物种选择

1983—1987年,鄂尔多斯进行了飞播中间试验,扩大了飞播试验区域,主要是在毛乌素沙地境内和库布其沙带东南端一小部分缓起伏沙地和高度在12米左右新月形沙丘和沙丘链进行。

考虑到鄂尔多斯地区干旱少雨,流沙地土壤持水性差,受风的作用,沙子流动性大,在这种特征的生境条件下,要想飞播造林治沙获得成功,就必须在植物种上严格进行选择,即使都是乡土树种,由于其生物学特性各异,其成效也各不相同。

鄂尔多斯飞播初试试验所确定的在毛乌素沙地适宜飞播植物种是杨柴、籽蒿、草木樨,由于毛乌素沙地面积大,立地类型各异,杨柴种源又缺乏,对将来大面积地开展飞播造林种草治沙会产生影响,为此,中试期间又增播紫花苜蓿、草木樨状紫云英、沙拐枣、沙米、榆树5个植物种,以便扩大飞播植物种。各飞播植物种试验成苗及保存状况见表5-1。

表 5-1 各飞播植物种成苗、保存情况表

飞播年度	播区	植物种	播量(斤/亩)	合计	当年成苗面积率(%)	各年度保存面积率(%)							
						84		85		86		87	
83	哈拉沙	杨柴 籽蒿 草木樨 紫花苜蓿 花棒	0.8 0.5 0.4 0.46 0.1	2.26	31.74 48.09 8.22 1.44	55.32	26.5 41 10.5 0.48	52.9	19.2 41.6 5.1 0.4	48.3	26.9 45.4 1.6 0.28	48.6	25.5 46.2 1.35 1.26	52.8
84	乌拉梁	杨柴 籽蒿 草木樨	0.8 0.8 0.6	2.2	36.2 57.6 3	64.6			32.5 56.8 7.27	64.3	45.2 61.4 6	73.3	样圆 调查	72.2
		柠条 榆树 花棒 沙拐枣	0.5 0.3 0.2 0.3	1.3	14.7 1.4 12.3 14.4				3.79 0.2		0.1 0.2			
85	陈家壕	杨柴 籽蒿 层头	0.6 0.4 0.65	1.65	34 65 0.9	73.3					31.2 84.7 5.9	75.5	45.9 83.2 15.5	84.2
86	高黎庙	杨柴 籽蒿 沙打旺 层头	0.5 0.3 0.2 0.2	1.2	43.1 68.3 13.5 8.3	84.7							74.1 91 85.3 14.2	99
87	蟒盖图	杨柴 籽蒿 沙打旺	0.5 0.3 0.2	1	58.3 76.8 0.32	80.4								

说明:单树种成苗面积率调查统计时相互有重叠,当年成苗面积率不是单纯的单树种合计数。

从各植物种发芽成苗、保存及生长状况看,以杨柴、籽蒿为最好。杨柴吸水后发芽迅速,出苗整齐,发芽初期根系生长很快,据调查,杨柴嫩芽刚破土,根长就能达到 7 厘米。随着高生长加速而加快,一般根系长为苗高的 5～8 倍,即根茎比为 1:5～1:8。籽蒿的特征同上。

就保存部位看,杨柴、籽蒿多以流动沙地为主,并以迎风坡及丘顶为多。充分显示杨柴、籽蒿具有耐干旱、抗风蚀沙埋的能力。适合毛乌素沙地和库布其沙漠飞播用种。

选播草木樨、沙打旺、草木樨状紫云英(层头)是为了改变播区植物种群落结构,提高沙地利用率,解决牧区牲畜饲草,为牧业生产发展提供有利条件。

选播榆树是根据榆树的耐旱性,试图在地下水较深,沙丘平缓的播区使之生根发芽,改变只播灌草方式,以乔灌草结合提高防风固沙效益。但是,由于榆树种翅较大,受风的作用飘移太大,飞播过程难以撒落在播区。因此,播后成效较差,其当年

成苗率仅1.4%。

1983年哈拉沙播区,由于下湿滩地较多,选播紫花苜蓿,目的是充分利用地利,但因滩地积水多,管理不善,致使紫花苜蓿试验飞播失败。

在宜播区,天然的死沙米成丛连片对飞播目的植物种起到保护作用。据此我们试播沙米,经过几年的试播,随目的植物种同时播种的沙米,对目的植物种并不能起到保护作用,这主要是当年播种的沙米生长太小,仅3～7厘米,不能有效保护飞播目的植物种。

中试试验证明,试验区适宜的飞播植物种是杨柴、籽蒿、草木樨和沙打旺。

(四)鄂尔多斯飞播推广阶段的植物种选择

1988—1992年,鄂尔多斯市飞播治沙进入了推广应用阶段,飞播推广区重点是在毛乌素沙地和库布其沙漠中、东段。在飞播推广应用试验中,我们选播的植物种有杨柴、籽蒿、沙打旺(或草木樨)。从其保存状况看,三种植物均很理想。

1990年调查1989年播区,杨柴保存面积率为56.63%、籽蒿71.08%、沙打旺39.8%。生长在迎风坡的一年生籽蒿风蚀15厘米仍能正常生长;一年生杨柴幼苗沙埋40厘米仍不死亡。经过第二个生长季,杨柴耐沙埋能力大大增强,抽样测定,一株杨柴沙埋1米仍能从被埋压的枝节部位萌生7个不定芽顶出沙面,发育成新的灌丛,高达127厘米,丛幅80厘米。三年生杨柴风蚀深达60厘米,生长仍很旺盛,并开花结实。

图5-1 飞播区杨柴生长情况(闫伟拍摄)

表5-2　1988—1991年度飞播植物种成苗及保存状况

飞播年度	年平均降水量(mm)	播区	植物种	播量(斤/亩)	当年成苗面积率(%)	各年度保存面积率(%)					
						1989		1990		1991	
1988	350~380	伊旗红庆河	杨柴 花棒 籽蒿 沙打旺	0.5 0.2 0.2 0.2	69	38 26 57 25	69.5	48.5 27 42 25	75	56 30.2 40 30	85
		伊旗蟒盖图	杨柴 籽蒿 沙打旺	0.5 0.3 0.2	79.6	26.3 37.5 24	70	26.9 38 24	68	31 32 24.5	65
	270	鄂前旗吉拉	杨柴 籽蒿 沙打旺 草木樨	0.5 0.3 0.1 0.1	57.1	20 41 5.1 0.4	46	23.2 44 1.6 1	44	25.5 46.2 1.35 1.26	50.2
1989	350	达旗瓦窑	杨柴 籽蒿 沙打旺	0.4 0.3 0.2	96.8	61.9 93.6 44.4		56.6 71 39.8	75.9	41.1 55.4 6.7	63
	370	乌审旗巴彦柴达木	杨柴 籽蒿 沙打旺 草木樨	0.4 0.2 0.2 0.2	50.2	80.3 78.1 8 7.3		37 57.6 8 5	67	36.2 50 6 3	65
	280	鄂旗木肯淖	杨柴 籽蒿 沙打旺 草木樨	0.4 0.2 0.2 0.2		25 41 6.1 0.4		21.6 37.5 5 0.28	44.5	22 35 0.32 0.28	50
1990	316	准旗孔兑沟	杨柴 籽蒿 沙打旺	0.5 0.3 0.2	73.3	44.4 56.7 59.2				43.5 70.4 40.7	79.6
	370	乌审旗巴彦柴达木	杨柴 籽蒿 草木樨 沙米	0.4 0.2 0.2 0.2	63.9	38 35 0.1 20				37.5 30 0.3 10	55
	380	伊旗台吉召	杨柴 籽蒿 沙打旺	0.5 0.3 0.2	67.5	26 60 35				32 56 35	73.5
1991	248	达旗恩格贝	杨柴 籽蒿 沙打旺	0.5 0.3 0.2							
	380	伊旗台吉召	杨柴 籽蒿 沙打旺	0.5 0.3 0.2							
	370	乌审旗纳林河	杨柴 籽蒿 沙打旺 草木樨	0.4 0.2 0.2 0.2	64.8						

说明:单树种成苗面积率调查统计时相互有重叠,当年成苗面积率不是单纯的单树种合计数。

1991 年调查 1988 年伊旗补连图播区，杨柴平均高度为 125 厘米，最高可达 300 厘米；籽蒿平均高度为 110 厘米，最高可达 150 厘米。平均每亩有苗 11709 株，杨柴、籽蒿分枝多，灌丛大，只要活一株就能成一片，显示出强有力的固沙作用。沙打旺主要分布在平缓沙地上，草木樨分布在丘间低地，表现均非常好。

鄂尔多斯飞播治沙推广应用阶段，更加确定了适合本区域飞播的植物种。

(五)鄂尔多斯飞播植物种选择多样化阶段

飞播工作是前所未有的事业，需要不懈探索、总结改进。2002 年，鄂尔多斯地区开始柠条等植物种飞播造林技术研究与示范。鄂尔多斯飞播科研人员发现，由于植物单一，播区达到一定期限后，主要目的植物种杨柴生长衰退、自然死亡现象十分严重，同时也限制了飞播由沙区向丘陵沟壑区及梁地发展。因此，2002—2006 年开展了扩大植物种配置研究，在鄂尔多斯 6 个旗区开展了柠条飞播试验，根据柠条的生物学特性，在飞播旗区选择了平缓沙地、梁地覆沙区和沙丘密度小于 0.6 的中小型沙丘等类型区进行飞播造林技术研究，累计试验飞播柠条 12.5 万亩。

针对以前飞播柠条种粒大，覆沙困难，播后易"闪芽"的问题，试验中加以改进，对柠条及所有的供试植物种进行包衣、丸化处理。

通过对试验播区的成苗调查，播区当年成苗率较对照提高 18.8 个百分点，达到 74.8%，其中柠条的当年成苗率较对照提高 21.2 个百分点，达到 27.8%。试验三年后，播区保存率达到 51%～92%，其中柠条的保存率较对照提高 19.7 个百分点，达到 39.5%。(详见表 5-3)

表5-3　柠条试播区成苗、保苗调查

播区名称	播种时间	播区成苗率、保存率(%)					柠条成苗、保苗率(%)					高生长量(cm)					面积(亩)
		当年	二年	三年	四年	五年	当年	二年	三年	四年	五年	当年	二年	三年	四年	五年	
乌兰吉林(一)	2003	91.2	83.3	89.2	100		37.75	50	49.3	54.2		6.5	20	29	37		6000
乌兰吉林(二)	2003	88.5	84.8	90.1	96		26.18	27.1	26.1	28		6.5	21	33	52		6000
桃力民(一)	2003	91.2	60	78.4	89.2		13.87	15	16.9	18.9		4.5	30	34	38		4000
桃力民(二)	2003	92.1	92.9	93.2	100		28.48	42.9	45.6	55.6		5.56	10	28	44		8000
乌素其日嘎	2003	93.6	92.4	95.4	100		19.14	26.3	37.8	68.2		6.1	16	23	39		16000
什拉布日都(一)	2003	80	100	100	100		47.27	54.5	30.4	27.8		4.85	12.5	26.7	39		5000
什拉布日都(二)	2003	70.5	87.5	92.6	100		22.73	25	28.6	37.5		5.9	29	34	38		5000
小湖村	2004	70						5				5					5000
桃力民	2004	91.1										1					4000
乌兰哈达	2004	65.2	68	77.3	69	51	31	26.7	40	25.6	21	2.5	32.5	36	47	76.9	5000
达旗吴四圪堵	2002	64								39.5		4.7					10000
平均		74.8					27.8										
对照		56					6.6			19.8							

说明：2006年汇总。

不论是从柠条的适应性、抗旱性及在鄂尔多斯地区分布特性的分析，还是从飞机播种柠条成苗率的观测数据上看，柠条可以在立地条件更为复杂的起伏沙地中生长且表现良好。柠条在飞播造林中的地位同人工造林一样，是鄂尔多斯地区的重要树种，选择柠条作为鄂尔多斯飞播目的植物种，是完全正确的，再一次印证适地适树原则。

经鄂尔多斯科研人员三四十年不懈的试验研究，选择出适宜鄂尔多斯地区毛乌素沙地和库布其沙漠防风固沙、为畜牧业提供优质饲草的飞播植物种是杨柴、柠条（中间锦鸡儿、柠条锦鸡儿）、花棒、籽蒿、沙打旺和草木樨。

三、不同时期飞播植物种的治沙效果

实践证明，鄂尔多斯在毛乌素沙地和库布其沙漠的飞播治沙，取得了良好的经济、社会和生态效益。无论原地貌是流动沙丘还是沙化退化的草场，飞播后都发生了明显变化。纵观历史，各个时期飞播成效各不相同。

（一）飞播初试阶段的治沙效果

1. 植被盖度提高

1978 年飞播区，经飞播及封禁，植被得到恢复。播后第三年由原有植被盖度的 7%～10% 上升到 40%，第五年全播区植被盖度增到 60%。主要是播后杨柴的地下茎萌蘖苗和籽蒿自然落种苗开始出现，有苗面积不断扩大，提高了播区植被盖度，原来的流动沙地已经变成固定和半固定沙地。

2. 防风固沙效益增强

如杨柴的飞播，盖度达到 15% 的群体，风速可降低 19.4%；覆盖度大于 30% 的群体，使风速削弱 45.2%，改变了飞播地的蚀、积环境，使播区内的大部分新月形沙丘变为缓起伏沙地或沙垄。

3. 经济效益可观

1978 年飞播区，第二年开始打草，第三年采集种子。供给邻近社队的草达 350 万斤，采收草木樨籽种 1.5 万斤、杨柴籽种 1 万斤、籽蒿籽种 5000 斤。

（二）飞播中试阶段的治沙效果

1. 沙地土壤理化性质的变化

播区植物枯落物的多少，对沙区理化性质和水肥状况的改善都有很大的影响，播区林内的沙土机械组成有很大变化,地表出现了结皮层,低洼丘间有荒漠苔,地表粗糙度增大,多为细沙和粉沙。1987年7月对播区土壤化验分析,杨柴、籽蒿林内的土壤容重降低,有机质和氮的含量都有明显增加。

2.经济效益

经济效益是飞播成效的重要标志。沙区飞播从第二年起可以收益种子、饲草和燃料。每亩收入按当时价格算收入47.5元,扣除亩成本费5元,净产值42.5元,飞播中试面积38.9万亩,按平均保存面积率50%计算,实有林草面积19.45万亩,净产值为826.63万元。

(三)飞播推广阶段的植物种治沙效果

推广阶段植物种治沙效果同初试和中试,不再赘述。

图5-2　飞播后杨柴成效(闫伟拍摄)

(四)飞播创新研究阶段治沙效果

2002—2006年,鄂尔多斯开展了柠条飞播研究试验,柠条飞播成功后,沙地的有机质含量比播前裸地增加2.2倍,地表粗糙度由播前的0.0283厘米增加到了44.52厘米,流动、半固定沙丘逐渐固定。通过多年的定位观测,一般飞播后四至五年,播区的柠条、杨柴、籽蒿群落内局部出现结皮层,一般厚度达到0.8～1.6厘米,最厚的可达3厘米。

四、目前飞播的主要植物种

鄂尔多斯飞播植物种从摸索到创新研究阶段,历经两代人40多年的不断探索归纳总结,最终研究得出适合鄂尔多斯市毛乌素沙地、库布其沙漠等区域飞播的植物种有柠条锦鸡儿、中间锦鸡儿、杨柴、花棒、籽蒿、沙打旺、草木樨等。

其间,对梭梭、沙拐枣、沙冬青、油松、榆树、紫穗槐、沙棘等植物种也开展过研究,但成效均不乐观,需进一步研究、探索和创新。

第二节　飞播植物种的采购、贮存与运输

植物种是飞播的基础材料,飞播的质量、成效与之息息相关。飞播的第一关就是采购植物种,要正确选购达到国家或地方标准的植物种,保证植物种是合格产品。

一、早期种子的采购方式

早期飞播因处于摸索初试阶段,缺乏经验,没有国家或地方规定可参考和执行,所以操作难免不规范和不科学。

早期飞播种子采购主要有两种方式:

(1)向农牧民零星购买;

(2)向零散的种子经销商购买。

优点:

(1)就近采收的种子,可达到飞播适地适树、乡土树种的原则要求。

(2)向种子经销商采购,可以在一定程度上保障飞播种子的质量和飞播期的合理安排。

缺点:

(1)不利于开展种子质量检验,种子的质量参差不齐;

(2)飞播需种量大,准备时间长,不利于飞播工作的整体安排。

二、目前种子的采购方式

1999 年国家出台《中华人民共和国招标投标法》、2000 年国家出台《中华人民共和国种子法》以后,鄂尔多斯市飞播种子即采取招投标方式向种子经销商采购,种子采购步入科学化、规范化。

优点:

(1)可以整体上保障种子的质量;

(2)可集中采购,利于飞播整体安排。

缺点：

（1）因价格竞争，质量时有不过关，易流标；

（2）招投标一旦失败，易错过飞播期，导致飞播不能按计划进行；

（3）因招投标是面向全国范围招标，种子供应方个别存在以差充好、假种子的问题。2016年鄂托克旗开展飞播时，中标单位供应的种子中出现了假种，种子质量管理部门发现后及时叫停了飞播。

措施：严格执行国家和地方的种子检验制度。

三、种子的贮存与运输

飞播种子贮存和运输环节也同样重要，不可忽视或轻视。

（1）贮存。飞播种子储存要求保持干燥和低温等环境条件，要做好通风、除湿及防止遭受病虫害或鼠鸟等为害，保证种子质量。种子贮存要严格遵照《林木种子贮存》（GB/T 10016—1988）的要求操作。

（2）运输。运输飞播种子时要防止暴晒、雨淋、受潮、受冻，防止种批混杂。不耐干燥的种子，要保湿通气。

第三节　种子处理

一、种子处理

1995年，为探索和解决飞播治沙总用种量大、种子费用高、播区落种易遭鸟鼠为害的问题。鄂尔多斯市开始在飞播中应用多效复合剂、ABT3# 生根粉拌种试验。试验区设立在鄂尔多斯市达拉特旗耳字壕乡草原村曹家伙房。经试验，利用多效复合剂拌种，可节省用种，从而降低飞播成本，能有效防止鸟鼠为害，提高飞播成效。除此之外，鄂尔多斯对飞播种子的处理，主要采取人工筛选。

之后鄂尔多斯研究人员一直致力于种子处理研究，在包衣、丸化处理种子技术研究上取得成功。此后，鄂尔多斯要求飞播用种必须处理，飞播种子质量显著提高。

二、种子质量要求

飞播用种质量关是飞播环节中较为重要的一关，直接关乎飞播的成败，所以，把好用种质量关尤为重要。

鄂尔多斯市飞播种子质量严格遵照《林木种子检验规程》（GB 2772—1999）、

《内蒙古自治区林木种子检验规程》(DB15/T 282—1998)、《林木种子质量分级》(GB 7908—1999)、《内蒙古自治区主要造林树种种子质量分级》(DB15/ 281—1998)、《林木种苗生产经营档案》(LY/T 2289—2014)、《林木种苗标签》(LY/T 2290—2014)、《丸粒化林木种子质量检验规程》(DB15/T 1492—2018)等国家、行业、地方正式颁布施行的标准执行。没有标准的,以合同约定为准。

飞播种子的质量指标,其中净度、发芽率(或生活力、或优良度)、含水量,必须达到国家、地方Ⅱ以上标准或约定的指标。

三、种子使用要求

(一)飞播作业设计环节

一是飞播使用种子必须要经过分选、净选处理,保证净度达到95%以上;二是对大粒种子(柠条、杨柴、花棒)进行包衣或丸化处理,以提高其成苗率,降低鸟鼠兔为害;三是对飞播使用种子,遵照国家和地方标准进行质量评定,填写种子质量检验合格证书。

(二)飞播种子使用环节

一是飞播实施单位采购种子时,要求供种单位必须提供种子质量检验合格证书;二是旗区林草种子管理机构在飞播期间对飞播用种进行质量自查;三是市级林草种子管理机构在飞播期间赴飞播现场对飞播用种进行质量抽查。鄂尔多斯在种子处理技术研究获得成功后,就一直要求飞播项目使用的种子必须进行净选、包衣或丸化处理。

图 5-3 丸化花棒种子(贾学文拍摄)

图5-4　包衣杨柴种子(贾学文拍摄)

第四节　种子检验

一、种子检验的意义

飞播最大的风险之一是播下的种子没有生产潜力,不能达到飞播目的。为了使飞播获得最大的成效,保证飞播质量,飞播前要进行种子质量评定,使风险降到最低程度,进行检验的最终目的就是要测定飞播种子的种用价值。

二、种子抽样程序

抽样检验使用的样品应具有代表性和真实性。

(1)业务人员根据检验计划组织抽样,抽样人员必须是持有上岗证的检验技术人员。

(2)抽样前,抽样人员要详细了解抽样计划,熟悉所执行的标准、细则和有关技术要求,准备好抽样工具,严格按照检验计划要求进行抽样。

(3)抽取样品时,现场必须有两名以上检验员具体操作,抽样人员自始至终不得离开抽样现场,检验人员对所抽取的林木种子样品在检验之前有妥善保管的义务。

(4)凡是进行质量评定的检验均应进行抽样工作。

(5)样品应在具有普遍代表性的样品中抽取,不得抽取特制样品,更不得采用带有某种倾向性的抽样方法。

（6）抽样单采用统一格式，由抽样人员负责填写。做到栏目齐全、字迹清晰，对样品需要说明的事项可在抽样单空白处备注。

（7）样品抽取后，对样品进行严密的包装封存、登记和编号，严防样品在未检前污染或混淆。

（8）抽样后及时检验，不能及时检验的要妥善保管。

图5-5　种子抽样（刘秀峰拍摄）

三、种子检验程序

（1）飞播种子检验要严格按照国家或地方标准操作执行。

（2）样品的抽取、保管、检验结果的判定、原始记录、质检报告的出具、检测质量、检验报告审批等由检验负责人负责。

（3）检验人员应及时开展检验工作。原始记录必须完整、客观地反映检验过程，不得抄、涂、刮、描和使用铅笔、圆珠笔记录，检验数据和判定结果应准确无误，严禁弄虚作假。

（4）检验人员必须按照标准进行误差分析和数字修订，不得随意取舍。

（5）对于多个样品集中重复出现某一项目不合格，应重复检验确认；对有相关性的质量特性发生矛盾的检验结果，应进行复验；严格将误判、错判的风险控制在检验报告出具前。

（6）检验过程中遇到仪器设备发生故障或出现某种意外，如停水、停电等影响检验结果时，应对影响检验结果的样品重新制样检验，不得接着中断前的数据继续检验。

图 5-6　种子检验（王阿萍拍摄）

四、检验结果

检验报告是正确反映产品质量信息的主要文件，也是体现检验工作的公正性、科学性的证据。因此检验报告必须科学、真实、准确地表述检测结果，对检验记录的填写，检验报告的编制、打印、审核、批准和归档等各个环节，相关人员都必须认真、负责地做好相应工作。

（1）原始记录是编制检验报告的依据，原始记录的内容要包括影响检验结果的全部信息。检验人员在填写检验记录时，内容和数据处理必须符合相关规定。

（2）检验报告的编写要遵循科学、真实、准确、简明、统一、规范的原则，编写内容包括检验报告编号、样品名称、样品学名、本种批重、本种批编号、样品重量、检验时间、签发时间等。

（3）检验报告的版式参照国标或地方标准。

（4）检验人员负责编制检验原始记录和检验报告，并对检验报告数据的准确性负责。检验质量负责人审核检验报告，并对检验依据和结论的正确性、合理性和有效性及报告的规范性负责。

图 5-7　早期飞播种子检验(王丽娜提供)

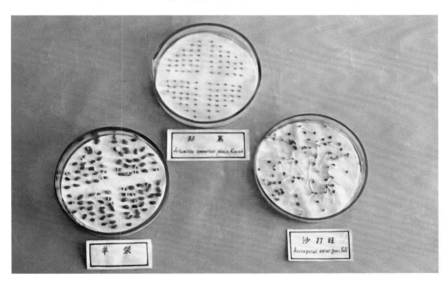

图 5-8　早期飞播种子检验(王丽娜提供)

第五节　种子播种量计算

一、播种量确定历程

(一)飞播初试播量的研究

1978 年的飞播区,播量 3 斤／亩,杨柴单播,当年成苗面积率虽高达 80.5%,但经第一个风季后锐减到 22.3%;播量 1.9 斤／亩的混播(其中杨柴 0.8 斤／亩,籽蒿 0.5 斤/亩,草木樨 0.6 斤/亩),幼苗密度 39 株/平方米,当年成苗面积率为 69.2%,仅次于杨柴单播,风季后保存率仍为 30.7%,是当年播区保存面积率最高的播带。播后第五年,单播杨柴保存面积率为 28.5%,混播保存面积率为 53.7%,其中仅杨柴的保存面积率达 27.1%,和杨柴单播接近。杨柴、籽蒿多定居在流沙上,草木樨分布在湿润的丘间低地,这样既扩大了保存面积率,又提高了沙地的生产力。

1980 年播区,单播杨柴播量 3.16 斤/亩,当年成苗面积率 56.9%,第三年保存面积率为 41.1%;混播杨柴、籽蒿和沙打旺播量 1.26 斤/亩,当年成苗面积率高达 79.2%,第三年保存面积率为 45.8%,是全播区保存面积率最高的播带。

飞播初试研究得出的播量是,在流动沙地上飞播灌木和草本植物,较单播有较大的优越性。适宜的混播植物组成及播量为杨柴 1 斤/亩+籽蒿 0.5 斤/亩+草木樨 0.6 斤/亩。

(二)飞播中试播量研究

中试仍采用混播。1983 年哈拉沙和昌汗淖播区混播组成及播量:杨柴 0.8 斤/亩+籽蒿 0.5 斤/亩+草木樨 0.6 斤/亩。当年成苗面积率分别为 55.3% 和 61.8%。1984 年乌拉梁播区混播组成和播量:杨柴 0.8 斤/亩+籽蒿 0.8 斤/亩+草木樨 0.6 斤/亩,当年成苗面积率为 64.6%。第一个风蚀季后,受风蚀危害,播区杨柴、籽蒿、草木樨幼苗保存面积率分别为 36.2%、56.2% 及 2.63%。通过调查得知,播种量大,能提高单位面积幼苗密度,增强幼苗群体抗风蚀能力,起到固沙作用,但由于密度大、通风不好、地下水缺乏、养分不足致使杨柴提早衰老死亡,考虑到杨柴、籽蒿、草木樨自繁能力强,仍保持杨柴 0.8 斤/亩+籽蒿 0.5 斤/亩+草木樨 0.6 斤/亩的混播量,不仅造成种子浪费,增加飞播成本,而且给飞播区今后管理增加负担,同时对杨柴、籽蒿产种量造成很大影响。因此,1985 年以后采用混播是杨柴 0.5 斤/亩+籽蒿 0.3 斤/亩+草木樨(沙打旺)0.2 斤/亩。五年后,飞播中试保存面积率 30%～99%。

(三)飞播推广阶段播量研究

飞播推广阶段,均采用了杨柴、籽蒿、沙打旺(草木樨)的混播,其亩播量是杨柴 0.5 斤/亩+籽蒿 0.3 斤/亩+沙打旺(草木樨)0.2 斤/亩,取得了较理想的成效。1988 年伊金霍洛旗补连图播区,当年成苗率是 69%,三年后保存率是 85%,其中杨柴 56%、籽蒿 40.2%、沙打旺 30%。

(四)柠条等植物种播种量研究

2002 年在柠条等植物种飞播造林技术研究中,确定亩播种量为:柠条锦鸡儿 0.9 斤/亩或中间锦鸡儿 0.6 斤/亩,杨柴 0.1 斤/亩或花棒 0.1 斤/亩,籽蒿 0.2 斤/亩。

二、播种量对飞播治沙成效的影响

播种量的多少,直接关系到飞播成效和播区林木生长状况,用种量过少,单位面积成苗少,起不到幼苗群体抗风蚀的作用,固沙能力弱;用种量过多,播后成苗密度大,随着植物的生长,其蒸腾系数增大,沙地含水量急剧下降,满足不了植物生长所需水分,致使其生长不良,出现大片死亡。既浪费了种子,增大了飞播成本,又不能达到植被稳定的目的。

三、鄂尔多斯不同区域播种量计算

鄂尔多斯市不同区域播种量略有不同。毛乌素沙地和库布其沙漠的播种量均以播区自然条件、立地类型和降水量等基本情况来计算确定。

(一)播种量计算

计算飞播用种必须是达到国标或地标 II 级以上的种子。

1. 单位面积用种量计算公式

$$S=NW/ER(1-A)G1000$$

式中:

S——每公顷用种量,克;

N——每公顷计划出苗株数,株/公顷;

W——种子千粒重,克;

E——种子发芽率,%;

R——种子净度,%;

A——种子损失率(鸟、鼠、蚁、兽为害率),%;

G——飞播种子现场出苗率,%。

2.每条航带播种量计算公式

$$T=LIN/667$$

式中：

T——每条航带播种量（斤）；

L——播带长（米）；

I——播幅宽（米）；

N——单位面积播种量（斤／亩）。

(二)鄂尔多斯各地区播种量

经过各个时期的飞播试验,从尝试用种到科学合理用种,飞播用种亩播种量由起初的 3 斤、1 斤多到现在的不足 1 斤。

1.毛乌素沙地的播种量(以裸种计算)有以下几种：

(1)亩播种量为 0.55 斤,杨柴(包衣)0.3 斤 + 籽蒿 0.15 斤 + 沙打旺 0.1 斤；

(2)亩播种量为 0.6 斤,杨柴(包衣)0.3 斤 + 籽蒿 0.2 斤 + 沙打旺 0.1 斤；

(3)亩播种量为 0.7 斤,柠条锦鸡儿(包衣)0.2 斤 + 杨柴(包衣)0.2 斤 + 籽蒿 0.3 斤；

(4)亩播种量为 0.7 斤,柠条(包衣)0.2 斤 + 杨柴(丸粒化)0.3 斤 + 籽蒿 0.1 斤 + 沙打旺 0.1 斤；

(5)亩播种量为 0.7 斤,柠条(包衣)0.2 斤 + 杨柴(包衣)0.2 斤 + 籽蒿 0.2 斤 + 沙打旺 0.1 斤；

(6)亩播种量为 0.7 斤,杨柴(包衣)0.3 斤 + 籽蒿 0.2 斤 + 沙打旺 0.2 斤；

(7)亩播种量为 0.7 斤,杨柴(包衣)0.3 斤 + 籽蒿 0.2 斤 + 沙打旺 0.1 斤 + 草木樨 0.1 斤；

(8)亩播种量为 0.7 斤,杨柴 0.3 斤 + 花棒 0.15 斤 + 籽蒿 0.15 斤 + 沙打旺 0.05 斤 + 沙米 0.05 斤；

(9)亩播种量为 0.8 斤,杨柴 0.25 斤 + 花棒 0.2 斤 + 籽蒿 0.25 斤 + 沙米 0.1斤；

(10)亩播种量为 0.8 斤,杨柴(包衣)0.2 斤 + 柠条(包衣)0.2 斤 + 花棒(2.5 倍丸化)0.1 斤 + 籽蒿 0.2 斤 + 沙打旺 0.1 斤；

(11)亩播种量为 0.9 斤,杨柴(丸粒化)0.6 斤 + 籽蒿 0.2 斤 + 沙打旺 0.1 斤；

(12)亩播种量为 1 斤,杨柴(丸粒化)0.6 斤 + 籽蒿 0.2 斤 + 沙打旺 0.2 斤。

2.库布其沙漠的播种量(以裸种计算)有以下几种:

(1)亩播种量为0.6斤,杨柴(包衣)0.2斤 + 花棒(丸粒化)0.2斤 + 籽蒿0.2斤;

(2)亩播种量为0.6斤,杨柴(包衣)0.3斤 + 籽蒿0.2斤 + 柠条0.1斤;

(3)亩播种量为0.9斤,杨柴(包衣)0.3斤 + 花棒(丸粒化)0.3斤 + 籽蒿0.3斤。

第六节　飞播植物种混播与配置

一、混播的优点

沙区的地貌类型差异较大,梁、沙、滩交错分布。灌草混播可使各植物种按照自身的生物学特性占据播带中不同立地类型,增强幼苗群体抗风蚀能力,提高飞播成效。采用适当的混播组合,可在保证飞播成效的条件下,节约主要植物种的播种量,降低飞播成本。试验证明,混播比单播好,混播不仅能合理利用地力,而且解决了优良飞播植物种源的不足,是增加单位面积上幼苗密度、提高抗风蚀、保苗的一项重要措施。

二、混播的类型与特点

鄂尔多斯初试阶段确定沙区混播类型为杨柴 + 籽蒿 + 草木樨(沙打旺),一直沿用至飞播推广阶段。

2002年柠条等植物种飞播研究,确定植物种配置模式为:

(1)柠条 + 杨柴 + 籽蒿;

(2)柠条 + 花棒 + 籽蒿;

(3)杨柴 + 花棒 + 籽蒿 + 沙米;

(4)杨柴(包衣)+ 花棒(丸粒化)+ 籽蒿;

(5)杨柴(包衣)+ 柠条(包衣)+ 花棒 + 籽蒿 + 沙打旺。

在沙区飞播造林种草,混播比单播有较大的优越性。单位面积上幼苗密度大,能形成较大面积的群体,抗风蚀能力强,提高保存面积率显著,同时能合理利用土壤肥力,又可以节约优良植物种源,完全可以达到沙区飞播防风固沙的目的。

三、混播的植物种组合

鄂尔多斯地区混播植物种以飞播目的的植物种区分组合,如本次飞播目的植物种主要为柠条,那柠条占比相比其他混播植物种要多一些。因鄂尔多斯以沙区为主,飞播植物种以灌草混播为主。鄂尔多斯地区飞播植物种定位为:目的植物种主要有杨柴、花棒、柠条(柠条锦鸡儿、中间锦鸡儿);先锋植物种有籽蒿、沙米;伴生植物种有草木樨、沙打旺、草木樨状黄芪等。

第六章　鄂尔多斯飞播治沙的飞行方式与技术

第一节　选用机型及设备

飞机及其相关的专用设备是完成飞播治沙最重要的生产工具。随着科学技术的发展和生产上的需要，飞播治沙所用的机型及其相关设备也在不断地改进。为促进飞播治沙事业的不断发展，引进和自行研制新的机型和设备便成为必要。自 1986 年以来，国家航天航空工业部门、民航部门、林业部门以及有关科研院校等诸多单位通力合作，攻克技术难关，研制出一批新机型、新的播撒设备和导航设备投入飞播治沙中，使我国飞播治沙的技术水平全面跃上世界先进水平。

在我国飞播治沙实施中，一直使用固定翼飞机，运 -5 型飞机是我国飞播治沙的最主要机型。20 世纪 80 年代以来，我国用于飞播治沙的机型除运 -5 型飞机外，还增加了运 -5B 型、运 -12 型、农 -5 型飞机，近两年开始使用更为便捷的贝尔 407 型、贝尔 505 型、米 171 型、小松鼠 350 型直升机。

一、主要机型及特点

（一）运 -5B 型飞机

该机型是运 -5 飞机的改进型农林专用飞机，由石家庄飞机制造厂研制，它是在保持运 -5 型飞机总体、气动布局和动力装置基本不变的基础上，对飞机内部结构和设备进行改进设计而成的，主要在以下三个方面进行了改进：

1. 为减轻农药对飞行员身体的危害，提高了驾驶舱的密封性，舱门由单蒙皮改为双蒙皮结构，舱内装有空调设备和加温装置，驾驶舱顶通风处加装了活性炭过滤装置。

2. 飞机的无线电设备和仪表进行了型号更新，无线电设备选用美国本迪克斯公司的产品，机上通信设备有短波电台和超短波电台。导航设备有信标接收机、音频控制中心、无线电罗盘和无线电高度表。

3. 全新设计的播撒设备有一个容积为 1637 升的玻璃钢料箱。作业时除在地面按设计飞播量调节出种门开度外,还可在空中根据播种情况及时调节飞播量的大小。

运 -5B 型飞机目前已成为我国飞播治沙最主要的机型,在飞播生产上广泛使用,其性能参数如下:

起飞重量:5250 千克;

基本重量:3369 千克;

发动机:1000 马力;

汽油消耗量:150 千克 / 小时;

每架次载重量:1000～1500 千克;

作业速度:160 千米 / 小时;

续航:1560 千米;

作业航高:30～150 米;

起飞滑跑距离:172 米;

下降滑跑距离:160 米。

图 6-1　运 -5B 型飞机(2017 年 5 月闫伟拍摄于鄂尔多斯市杭锦旗)

(二)运 -12 型飞机

运 -12 型飞机为哈尔滨飞机制造公司自行设计的轻型、多用途飞机,该机为金属结构,采用跂发、上单翼、单垂尾、固定式前三点起落架的总体布局,装有两台加拿大制造的 PT6A-11 涡桨式发动机,螺旋桨可以变距和顺桨。运-12 型飞机分 I 型与 II 型,但其构造系统和装置均相同,主要区别是安装的发动机功率不同。运-12 型飞机为双人驾驶舱,机舱内增装了多普勒雷达以及其他高精度领航设备,对机场的要求与运-5 型飞机基本相同。

试验证明,首次使用的国产运-12 型飞机非常适合我国高原地区飞播作业。摸索出运-12 型飞机及新型播撒设备的飞播作业技术参数,对加快我国西北高原地区荒山绿化步伐、扩大森林资源、促进山区经济发展具有重要意义,现在运-12 型飞机已成为我国西北地区飞播的主力机型。

运-12 型飞机播种作业主要技术参数:

作业速度:180～200 千米／小时;

载重量:不带氧,航程 103 千米左右,载重 1100 千克;

作业航高:103～150 米,设计播幅 55～65 米;

适宜风速:西北高原地区飞播作业时,风速应掌握在 5 米／秒以内。

(三)农林 5A 型飞机

农林 5A 型飞机(N5A)是一种单发、下单翼、有固定式起落架的农林专用飞机,装有美国迈仪·莱康明公司的 P-720- 天 IB 型 294 千瓦(400 马力)发动机。

农林 5A 型可播撒颗粒物料(或粉剂)和喷洒液体的两用农业设备,进行播种、施肥、森林防火、防病、灭虫及除草等作业。

依据农林 5A 型飞机的性能和我国北方地区选建临时简易机场较为方便的情况,该机型在今后开展的飞播治沙种草、更新改造退化、沙化草场中具有良好的应用前景。

农林 5A 型飞机主要技术数据:

翼展:13.41 米;

机长:10.48 米;

机高:3.73 米;

空机重量:1328 千克;

最大起重量:2250 千克;

商载:750 千克;

最大商载:960 千克;

作业载油量:85 千克;

最大载油量(转场):233 千克;

作业速度:170 千米 / 时;

爬升率(带农业设备):4.29 米 / 秒;

实用升限(带农业设备):3750 米;

起飞滑跑距离:3033 米;

着陆滑跑距离:246 米;

续航时间(带农业设备):1.8 小时;

航程(带农业设备):250 千米。

(四)贝尔 505 型直升机

贝尔 505 型直升机拥有同级机型中最大的吊挂载荷,其货钩载荷达到了 2000磅(约 907 千克)并拥有称重系统及两套释放装置,加之平直的客舱地板和灵活的客舱布局,运营商可以在短时间内切换任务构型,从而同时胜任多种飞行任务。

图 6-2　贝尔 505 机型(王阿萍拍摄于杭锦旗)

贝尔 505 机型直升机主要技术参数:

乘员:1 名飞行员;

容量：4名乘客；

有效载荷：1500磅(680千克)；

动力装置：透博梅卡 Arrius2R 涡轮轴发动机504马力(376千瓦)；

最高时速：144英里(323千米)；

最高续航：3.5小时；

最大航程：667千米。

二、播种器类型及特点

(一)运-5型飞机 FB-85 型播撒器

运-5型飞机 FB-85 型播撒器系由民航吉林省局、吉林工业大学和民航第十二飞行大队共同协作研制，于1988年12月正式通过专家鉴定。

该播撒器由播种箱、扩散器和飞播量调节装置三部分组成。与原苏式裤衩型播撒器相比，在设计与结构上有以下不同：一是将原来的圆柱形下料口改为矩形下料口，减少了种子的堵塞。二是播撒器的进气道由2条增加到9条，改善了落种"中间密，两边稀"的状况，提高了均匀度。三是排种箱内设有电机操纵的螺旋输送器，既避免了种子堵塞，也利于播撒带芒的种子。四是该播撒器出种门开度变手工调节为电动调节，经播种作业证明，比苏式播撒器调量准确、方便。五是增加了护种活舌，使种子在地面流量与空中流量趋向一致。

另外，FB-85 型播撒器还具有如下优点：

播撒密度和落种均匀度等质量指标显著高于苏式播撒器；维护容易，拆装方便；安装该播撒器后飞行阻力小，与安装苏式播撒器相比，可提高时速5～6千米，并设有应急投放装置，对保证飞行作业安全具有重要作用。

(二)运-5B型飞机冲压式多流道播撒器

运-5B型播撒器为全新设计的一种冲压式多流道类型的播撒器，主要由料箱、门盒、扩散器、风动搅拌机构、种门开关与定量控制机构六大部分组成。扩散器分为两段——喉口段和扩散段。喉口段为不锈钢焊接件，扩散段为铝合金铆接件，门盒主体为不锈钢板铆接结构，出种门和应急门主体采用铸铝合金，风动搅拌机构由风车、涡轮杆减速器和搅拌器三部分组成。该设备具有如下特点：

1.播撒器采用多流道结构(进气口用导流板分为11条流道)，提高了落种均匀度。

2.种子的定量控制装置安装在飞机驾驶舱里,既可在地面也可在空中调节用量,使种子的空中流量与地面流量趋于一致,便于较准确地调节所需飞播量;料位指示装置及观察口,飞行员在驾驶舱内可随时掌握喷撒情况;有应急投放装置,所载物料能在几秒钟内释放完毕,增加了飞机的安全性。

图 6-3　运 -5B 型飞机播种器(杭锦旗林草局提供)

3.箱容积由原来的 1.2 立方米增加到 1.67 立方米,且由金属结构改为玻璃钢,防腐防漏,该播撒设备已在生产上推广应用多年。

4.播撒器安装与拆卸方便迅速,拆卸只需 3～4 分钟。

(三)外吊挂播撒器

该播撒设备是国家林草局林草防治总站和通辽市神鹰飞机制造有限公司研发的专利设备。2022 年在杭锦旗天保工程飞播治沙中第一次使用。

1.设备参数

高:1300 毫米;

最大直径:1760 毫米;

吊挂钢索长度:600 毫米;

空载:135 千克;

容积:0.8 立方米。

图 6-4　外吊挂播撒器（高秀芳拍摄于杭锦旗）

图 6-5　外吊挂播撒器（高秀芳拍摄于杭锦旗）

2.设备性能

（1）安全

采用吊挂式与直升机连接，与直升机的应急脱钩系统配合，在遇到紧急情况时，飞机驾驶员可紧急扔掉播撒设备，保证飞机的飞行安全。

（2）高效

该产品配合直升机进行作业，以播撒药剂包衣小麦为例，每次载种 800 千克，按 100 克／亩的用量计算，直升机每架次可播撒 8000 亩，时间仅仅需要 20 分钟。

（3）精准

该产品的出料装置可实现实时精准控制药剂的用量，可按用户的需求调节出药量,遇规避区域时,驾驶员可随时关闭出料装置。产品配有视频实时监控功能,驾驶员可实时查看装置内的药剂剩余量,从而合理地规划航线,保证不重播漏播。

(4)效果好

该产品的播撒装置为带拨片的圆盘,圆盘高速旋转的同时将药剂均匀地向四周播撒出去,能够满足在飞行高度为 80～100 米时,地面的播撒增幅为 70～100 米,播撒的药剂散落均匀,在不考虑药效的前提下,为实现 90% 以上效率提供了很好的硬件保障。

三、机场设施及装备配置

飞播治沙离不开飞机和机场,机场是飞播作业活动的基地,不同的机型,由于结构和性能的差异,因而对机场和机场距播区远近的要求是不同的,随着我国飞播战略性的转移,飞播的重点已由南方逐渐转向北方,因此,应根据沙区地形特点,选择适宜的机型、合适的机场,同时根据需要修建更多的临时机场。机场距播区的远近,与作业效率、飞行成本及能否按时完成作业任务关系极大。实践证明,根据当地机场与播区的布局、种子、油料运输及生活供应等情况,就近选择机场或修复旧机场,可提高功效,缩短空飞时间,降低成本。凡播区在 50 千米范围内无机场可利用,在地形、资金允许的条件下,又有大面积荒沙急需治理时,可修建临时机场。

据统计,1978—1986 年,原伊克昭盟共修建临时机场 8 个,基本保障了当地飞播治沙的需要,由于沙区地广人稀,地势较为平坦,土方量少,每个临时机场的平均修建费用为 1.5 万～2 万元,近 10 年来在毛乌素沙区飞播治沙 5 万公顷,保存面积 2.67 万公顷,平均每公顷造林成本为 75 元,这与修建的 8 个临时机场是分不开的。在以后的飞播治沙造林工作中,这些临时机场也发挥了极其重要的作用。目前鄂尔多斯市共有 16 个临时机场,其中乌审旗 3 个,分别是陶尔庙、巴音希里、呼和陶勒盖。伊金霍洛旗 2 个,分别是架子梁、敖包格台。准格尔旗 1 个,是十二连城。达拉特旗 2 个,分别是马场壕、恩格贝。鄂托克旗 2 个,分别是乌兰镇后大梁、苏米图。杭锦旗 4 个,分别是四十里梁、盐海子、七星湖、唐柜井。鄂托克前旗 1 个,敖勒召其镇。东胜区 1 个,是羊场壕。

修建临时机场的条件如下:

（一）场址选择

选址工作一般由林草主管部门提出要求，简要介绍场址情况，并会同飞行管理部门选派的技术人员，深入现场勘查择定，场址必须符合下列条件：

1. 净空条件良好；

2. 地势平坦，坡度适宜，排水情况良好，不需要大量的土方石方工程；

3. 尽可能选在拟播地区中心和交通水源都方便的地方；

4. 场址选好后，绘出草图，提出施工方案，报请飞行管理部门和使用单位批准。

（二）跑道、安全道及净空条件

1. 跑道规格要求

（1）跑道的长与宽：海拔 500 米以下的机场，跑道长 500 米，宽 40 米；海拔 500 米以上时，每增加 100 米，跑道长度增加 15 米。

（2）跑道方向：尽可能避开东西方向，并与当地飞播作业季节的主风方向一致。

（3）道面：必须坚实，用总重量为 5 吨的机动车辆以时速 3～5 千米碾压后，轮辙深度不得超过 2 厘米。

（4）草皮道面：草高不超过 30 厘米，割草时应保留 10 厘米左右的草茬（只限软茎植物），以保持道面应有的垫层。

（5）平整度：直径 3 米范围内，起伏高差不超过 5 厘米，跑道纵横方向的坡度，在 250 米范围内不超过 2%。

2. 安全道规格

跑道两端各有 50 米长的端安全道，两侧各有 10 米宽的侧安全道（图 6-6）。端安全道、侧安全道都应当平坦，坡度不超过 2%，变坡不超过 1%，不能有水田或沼泽地，只允许保留高度不超过 0.8 米的软茎作物。

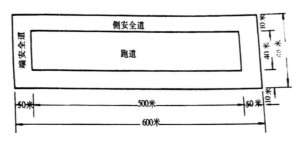

图 6-6　运 -5 型飞机跑道、安全道示意图

3. 机场净空条件

机场净空长7000米,宽5000米(如受地形限制,一侧净空条件良好,另一侧净空条件不少于1000米)。端净空,由端安全道与侧安全道边界相交处起,以平面15°角向外扩展,直到净空区的边界为止,对障碍物高度限制坡度1:30(端安全道末端为0)。侧净空,自侧安全道边界起至净空区边界止,以侧净空和端净空相邻接的地段,对障碍物高度限制为1:15(高原机场除外)。

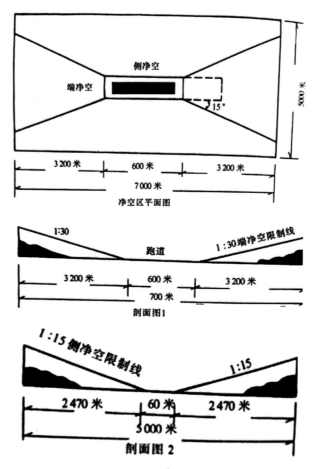

图6-7 运-5型飞机净空区平面及剖面图

4. 机场净空区内架空电线,除按规定的净空障碍物限制高度外,还必须符合下列规定:

(1)水泥和钢铁构架高压输电线的高度超过30米时,距离跑道头不少于3000米,低于30米时,距离跑道头不少于2000米;距离侧安全道和端净空侧边不少于500米。

（2）水泥和木杆高压输电线，距离跑道头不少于 1000 米，距离侧安全道和端净空侧边不少于 300 米。

（3）架空电话线及低压输电线等，距离跑道头不少于 500 米。

（三）场面的布置和要求

临时机场的房屋和建筑物应当建在跑道的同一侧，高度应当按照净空规定位置达到下列要求：

1. 电台、办公室、宿舍、休息棚和其他房屋，距离跑道侧边不少于 100 米（临时休息棚不少于 50 米）；

2. 油库或油罐、油桶，距离跑道侧边及房屋、建筑物不少于 100 米，距离停机坪、装料场不少于 50 米；

3. 种子库距离跑道侧边不少于 70 米，并要位于下风方向。

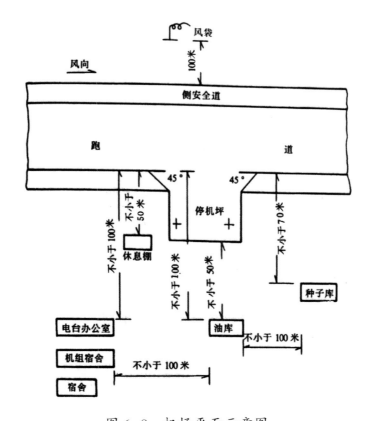

图 6-8　机场平面示意图

4. 水池、药池、药堆和加水设备距离跑道侧边不少于 35 米。

（四）停机坪的布置

停机坪应当布置在跑道中部或者两端的侧边，要求地势高爽，排水良好，土面平实，大小符合要求。与跑道侧边的距离：一架飞机使用时不少于 20 米；两架以上飞机使用时，不少于 50 米。

为防止碎石打坏螺旋桨，停机坪应压平、整实或用水泥浇灌，筑成长 3 米、宽 2 米的停机坪。

在停机坪上，应按当地作业季节的大风方向，根据下列要求埋设地锚：

1. 地锚用钢筋或铁丝制作。

2. 地锚底部用木质十字架或水泥十字架。木架不能有腐朽、蛀孔、劈裂等现象，交叉处应将圆面削平，使接面妥帖。埋设时间超过 3 个月时，应进行防腐处理。

3. 埋设地锚时，必须分层夯实。每层积土不超过 20 厘米，夯实后为 15 厘米左右。如土质干燥应适当泼水夯实。

4. 如果当地风速有可能超过 40 米／秒，应加大地锚强度或埋设三向地锚。

（五）临时机场的各种标志

临时机场的各种标志是引导飞机起飞和降落的重要标志。其具体规格和布置按《中国民用航空专业飞行工作细则》的要求设置。

（六）临时机场的验收

临时机场建成后，由省（自治区）林草主管部门会同飞行管理部门及飞行大队（或农业航空公司飞行中队）派人共同验收合格后，方可正式使用。验收的要求是：

1. 验收人员按规定，逐项检查施工质量，并填写临时机场验收证明书，由飞行管理部门和使用单位负责人共同签字；

2. 验收工作应在调机前三天完成；

3. 飞行管理部门验收人员，应将验收结果和临时机场的主要技术资料及时报告主管部门和飞行领导机关。

（七）临时机场的管护与维修

修建临时机场是飞播治沙工作中一项重要的基础性建设，为使所建的机场在飞播治沙中长期发挥作用，并为日后开展飞机防治林草病虫害、护林防火以及航测、遥感等提供服务，为保证飞机正常起飞作业，做到安全生产，加强机场的管护和维修是十分重要的。

首先,应制定保护临时机场的若干规定,由当地县(旗)政府发布告示,做到家喻户晓;其次,机场所在乡、村应安排专人看管,机场周围应埋水泥桩、架设刺丝围栏,防止牲畜践踏及闲杂人员入内。

每年播前,应对临时机场实施维修,填平水蚀沟槽和风蚀沟(坑)以及鼠洞,使用洒水车(或人工)洒水,然后用专用车辆碾压跑道,使其达到规定的要求,确保飞机安全起飞降落。

第二节 起飞前工作准备

一、安全因素排查

飞行作业和机场管理必须按照飞行部门的有关规定及飞播作业操作细则进行,以确保人员、飞机和飞行安全。机场要派驻安全保卫人员,实行封闭管理,严禁非工作人员靠近机场或进入跑道,进入机场的工作车辆严禁在跑道上行驶。建立统一的飞播指挥通信系统,机场、播区应配备电台、电话、对讲机等通信联络设备,保证地面与空中、地面与地面之间的通信畅通,做到信息反馈及时准确,以保证飞行安全和播种质量。飞播作业期间成立飞播治沙造林指挥部,统筹安排机场、播区、飞行、通信、气象、装种、质量检查、安全保卫、生活后勤等各项工作。

二、影响因子研判

气象人员按时观测天气实况并与气象台联系,对机场、航路及播区按飞行作业要求及时报告云高、云量、云状、能见度、风向、风速、天气趋势等有关因子。

三、飞机加油调试

飞机航油一般由参加飞播的航空公司提供,在双方开始飞播作业前事先商量确定,加油也由航空公司地勤人员来完成,并在飞播开始前进行飞机调试。根据播区的情况及航线距离的远近确定添加航油的数量,一般使用运-5B 型飞机平均每两架次加一次航油,近年来使用的飞播直升机平均每三架次加一次航油。

四、导航准备

根据播区具体情况和机组的技术条件设计选择人工信号导航或 GPS 导航,人工信号导航要设计 2~3 条航标线,并图面确定起始航标点的位置,GPS 导航计算各播带导航点经纬度坐标,绘制播区窗口图,压线飞行。目前人工信号导航已基本不再使用,20世纪90年代开始使用GPS导航。

五、种子装机

机场装种是一项时间性强而且又比较细致的工作,它直接关系到飞行安全、作业效率和播种质量。因此,一定要有严密的组织和严格的要求,一丝不苟地做好种子筛选、称重、装袋的准备工作。目前,此项工作主要靠人工来完成,劳动强度大,时间长,必须挑选工作认真负责、身强力壮的人员担任装种工作,在装种前事先对装种人员进行培训,使他们熟悉装种方法,装种人数可根据所用机型和飞机数量而定,一般一架运-5型飞机由7~8人组成。

(一)拌种

在飞机装种之前,须对种子进行过筛和拌种。过筛为了防止种子中有杂质,堵塞飞机出种口。拌种为了使不同种类的种子均匀地混合在一起,在飞机播种时,使不同种类的种子播撒得更加均匀。种子拌好后,须将拌好的种子重新装入袋子中,但不能装满,一般装入袋子总容量的三分之一即可,避免因重量太重,不能迅速将种子装入飞机种箱内。

图6-9 飞播种子过筛(贾学文拍摄)

图 6-10　拌种(贾学文拍摄)

图 6-11　拌种(王丽娜提供)

(二)装种

目前机场装种一般采用汽车或手推车和装种梯来完成,其做法是:待飞机停稳后,将载有种子的装种车迅速开(推)到飞机旁,由装种人员将本架次设计的树(草)种快速加入装种箱内,及时收集、清点扔在地面的空袋,装完后迅速撤离。

图6-12　装种(贾学文拍摄)

(三)装种要求及注意事项

首先,装种人员要服从机组人员指挥,每天必须按规定的时间准时到达机场,做好装种前的一切准备工作。装种时,要严格按照每架次设计的树(草)种和播量装种,不得随意增减。大粒种子换播小粒种子时需彻底清理装种箱内和出种口周围剩余的大粒种子及杂物,以防堵塞出种口。在装种过程中要避免杂物装入箱内,装种要迅速,每架次装种时间不应超过8分钟。操作要细心认真,注意安全,爱护设备,保管好装种用具。

第三节　起飞播种

一、飞行方式

飞行方式由每架次播种带数的情况来确定。沙区飞播的飞行方式分为重复喷撒作业法、单程式、复程式、穿梭式和自由式等五种。选择飞行作业方式时,应在保证飞行安全的前提下,力求节省飞行时间,提高播种作业质量和效率,降低飞播成本,同时还须根据飞播区的具体情况,选用经济合理的飞行作业方式。鄂尔多斯市经过多年的飞播治沙探索,目前主要使用的飞行方式为穿梭式。

(一)重复喷撒作业

重复喷撒作业法为两次播种法。20世纪70年代榆林沙区红石峡飞播治沙试验时,这种飞行方式多次采用,到80年代在我国飞播牧草试验和生产中广为使用。重复喷撒作业,是在单一播区实施多种大小不同的树种、草种混播时,为便于播种设备出种门开度的调节,达到均匀混播的目的,先飞大、中粒种子或大粒化的种子,按设计播量在全播区播撒,然后飞小粒种子,按设计用种量再复播一遍。在作业方法上,若是播单一树(草)种,先将设计用量的一半装机,从1号航桩起在全播区播撒一遍,然后再将设计用量的另一半装机,从终点按航标桩序号起倒转过来在播区再撒播一遍。采用重复喷撒作业法,可减少漏播,增加有种面积,提高落种均匀度,使混生的植株分布均匀。

(二)单程式作业

单程式作业,即播种飞机一架次装载的种子正好播完一条播带的作业方式(图6-13)。这种飞行作业方式适用于飞播区狭长和播大、中粒(或大粒化)种子,特别是面积较大的播区,采用这一方法可多机作业,为了保证飞行安全,多架飞机作业要严格控制每架次起飞时间,间隔时间视播区远近而定,一般为10~15分钟,往返作业区的航路高度相差100米。

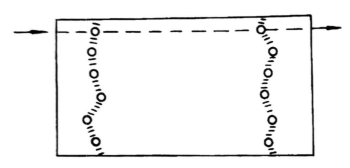

图 6-13 单程式作业示意图

(三)复程式作业

复程式作业系一架次的载种量往返同一条播带或两条播带的作业方式(图6-14)。这种作业方式能减少空飞时间、提高播种效率、降低成本,适合于播区地形平缓和净空条件较好的播区。这种作业方式在沙区飞播中经常采用。

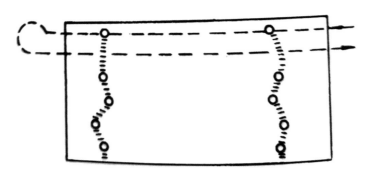

图 6-14　复程式作业示意图

(四)穿梭式作业

穿梭式作业为飞机一架次装载的种子能播完三条以上播带的作业方式（图6-15）。这种作业方式适于播区面积小、播带短的飞播。穿梭式作业又分为奇数穿梭（每架次播种 3 条、5 条或 7 条播带）和偶数穿梭（每架次播种 4 条、6 条或 8 条播带）两种。偶数穿梭可减少空飞时间,节省飞行费用。

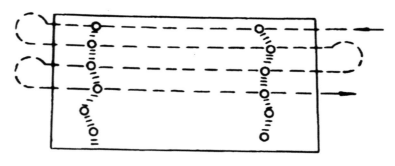

图 6-15　穿梭式作业示意图

(五)自由式作业

这种作业方式不需要专人导航,仅需事先在作业区四角插上信号旗标示范围,由飞行人员自行掌握播种带数。这种作业方式机动灵活,适于播区面积小或不宜规划设计的播区,或是在设计面积播完后,为处理多余的种子而临时增加的作业。此外,成效不理想的播区,实施飞机重播时,多采用自由式作业。比如,1981 年在榆林小纪汗飞播试验区,除按原规划设计的南北向播带进行飞播花棒、沙蒿等植物种外,还实施了与沙丘链平行,东西向沿着地下水位高的丘间低地自由作业,两架次播种草木樨、沙打旺等小粒种子,取得了较好成效。当年秋季调查,播区有苗面积率为 78.6%,其中草木樨、沙打旺有苗面积率为播区总面积的 17.7%。

二、飞行高度及播幅

据测试,作业航高与播种宽度在一定高度范围内呈正相关。但因机型与树(草)种的种粒大小各异,同时还受到不同风向风速的影响,因此,应根据设计的播幅宽度和作业时的风向风速来确定适宜的作业高度,才能得到合适的播幅宽度,达到落种均匀,减少漏播重播现象,以获得优良的播种质量。此外,因实际播幅两侧落种密度小,需有30%的重叠宽度。沙区一般选用运-5型飞机作业,根据沙区多年试验结果,播小粒种子播幅宜为40米,实际播幅在52米左右。播中粒或大粒种子设计播幅宜为50米,实际播幅在65米左右。飞播作业过程中,实际落种宽度除受航高影响外,也受风向、风速的影响。因此,当设计播幅确定后,考虑到风力对落种带宽和落种位置的影响,需保持一定的变化幅度。播小粒种子设计播幅40米,航高宜为40~60米;播大、中粒种子,设计播幅50米,航高宜为60~90米(见表6-1)。

表6-1　主要飞播植物种适宜航高与播幅表

单位:米

植物种播幅	航高			
	40~50	50~60	60~80	80~100
花棒(大粒化)		52	66	71
踏郎	50	60	65	
中间锦鸡儿		45	55	60
沙拐枣		45	55	60
沙棘		45	55	60
白沙蒿	35	49		
沙打旺	43	52		

注:表中数据适用于运-5型、运-5B型飞机。

三、飞行速度及转弯

飞机的飞行速度要根据播区的实际情况及每条航线的千米数而确定,一般设计每条航带的千米数相同,由此测算出飞机的大致飞行速度,实际飞播的飞行速度由飞行员根据先前测定的大致飞行速度视实际情况而微调。飞播领航人员要根据作业设计掌握每一架次飞播的时间及面积,避免飞播面积数不够或种子的浪费。

四、落种量微调及设定

在进行飞播作业前期,调试飞播下种量,在航速相同的情况下,设定每条航带的航速,通过预设定航速调试下种量。在进播区后开启撒播,出播区关闭,保证飞播种子落在播区航带范围内。

五、飞行航迹核验

在飞机上用 GPS 记录飞行航迹,每架次的航迹须与设计的航迹进行比对,确保每架次无偏移。

第四节　直升机和无人机飞播应用

与 20 世纪 90 年代使用的 Y-12 型飞机相比,无人机更能精准定向,无人机会沿着事先确定的航线,采用单程式、复程式、穿梭式以及重复播撒等多种作业方式进行飞播,从而有效提升飞播治沙出苗率,且具有速度快、投入少、成本低、不受地形限制等特点和优势,特别是对生态环境恶劣、立地条件差的地区,更是一种行之有效的生态修复手段。采用无人机飞播,就是要解决那些交通不便、人烟稀少、人力难以到达和亟待复绿地区的绿化问题。

无人机的高效性与便利性是其受到农牧户欢迎的主要原因,较传统的农机更为轻便,无人机飞播还有着其他人工播种无法比拟的优势。一是播撒种子间隔均匀,通过无人机滚轴定量器,可以让撒出的种子不结块、不粘连,落地分布均匀,实现精准播撒。二是无人机能适应多种复杂的地形,例如颇费人力的山林、梯田地形,无人机可以轻松完成。三是无人机支持夜间作业,可以做到全天候随时工作。此外,智能化也是无人机飞播的一大特点,无人机飞播作业一般是三人两机,两位操作员和一位地勤助手共同合作完成播种任务。

除了操作控制外,无人机还可以在输入参数后自主规划路线,实现智能播种。无人机飞播的作业记录也会同步上传到平台,帮助实现智能化管理。现今,随着农村劳动力转移、林业生产人工成本不断攀升,能够实现稳生产、提效率、降成本、增效益的"机器换人"渐成趋势,有效减少生产环节和人工的无人机飞播技术在服务"三农"方面或将成为新的助力。

虽然无人机飞播有诸多优势,但也有其局限性。第一,较高的设备成本。受限于技术原因,部分种子使用无人机飞播成本较高,目前无人机飞播还局限在油菜、三叶草、紫云英等绿肥作物上。第二,载重和续航很大程度上影响了无人机的推广应用。想要扩大这一新技术的推广范围,在提升种子装载量,优化电池续航能力,降低服务成本,优化服务质量等方面需要持续优化无人机的产品功能。

飞播治沙作业中,在多旋翼无人机介入之前,固定翼飞机是执行飞播治沙作业的主角。运-5飞机是目前国内使用频率最高的农林用飞机,有"空中拖拉机"之称。使用运-5飞机进行播撒,每架次可载种子或草籽800千克,一架次可作业面积1600亩。若不受空中管制和天气影响,一周内可完成120万亩播撒任务(日均17万亩)。

近年来,各地开始尝试采用直升机进行飞播。相比固定翼的运-5飞机,直升机飞播作业效率虽然较低,但其最大的优势是作业灵活,适合距离较远、地块分散或不规则中小地块作业。2015年,河南省首次在省内采用直升机进行飞播造林,取代了使用将近30年的运-5飞机,知名无人机企业大疆创新,在2017年发布了无人机播撒系统。

在飞播作业方面,相比固定翼运-5飞机和直升机,载重仅为10千克左右的多旋翼无人机,可以说其优势与劣势同样明显。受限于载重、播幅、续航能力等客观条件,现阶段多旋翼无人机在效率上难以与载人飞机相媲美。但在小面积作业上,多旋翼无人机可以发挥作业精度高的优势;作业面积在1000亩以下,价格低廉的多旋翼无人机才能具备成本优势。

极飞科技在2019年发布了播撒系统,无人机播撒似乎有复兴的趋势。但目前各地飞播造林种草项目的招标,几乎都是围绕着载人飞机的性能参数进行设置的。

目前,多旋翼无人机的播幅仅为2~8米,默认最低高度15米,最高可调至30米,暂时无法响应飞播造林种草的招标需求。极飞在2019年发布播撒系统时,宣称要"撬动万亿飞播市场",但这一提法与此前极飞在物流无人机、植保飞防无人机、农田摄像头、航测无人机、地面机械等领域的对外口径一致,难以作为市场前景判断的依据。

每一项新技术的成熟都有一个复杂的过程,在无人机播撒技术＋资本的推动下,未来这个市场会顺利进入快车道,无人机在林草飞播行业的运用尚需进一步冷静观望。

第七章　鄂尔多斯飞播治沙的飞行导航技术

第一节　导航技术在飞播中的发展应用

导航信号是播种作业时引导飞机按预定的航向和飞播带进行作业的标志。从20世纪50年代开始，飞播作业一直以人工地面信号导航为主，由于先进的飞机播种与落后的地面导航方法极不协调，飞行事故时有发生，耗费了大量的人力、物力和财力，导航技术成了困扰飞播的一大难题。

多年来，从事飞播治沙的广大科技人员，曾先后提出和试用一些办法来代替地面人工信号导航。如1966年林业部调查规划设计院取消地面信号，试用航测照片导航播种的试验，进行了有益的探索。

1976年，海军某研究所与民航科研所等单位研制成功双曲线导航设备，在生产上试用效果良好，但由于该设备价格偏高，又牵涉增加人员的编制，因此先进的技术未能在飞播中推广应用。

进入20世纪80年代，我国飞播治沙进入黄金时期，国家拨出专款扶持飞播，结合生产开展了一系列试验，不少新技术、新设备、适宜飞播的新树种在飞播中应用，获得了数十项科研成果。其中卫星导航技术取得重大突破，对改进飞播作业技术，提高飞播成效具有重要意义。

为了彻底改变飞播作业地面导航的落后状况，四川省林业勘察设计院和中国人民解放军空军某部队于1993年4月共同组织了试验研究课题组，开展了利用GPS卫星定位导航系统进行飞机播种造林的试验研究，试验取得了成功，并于次年9月通过了专家鉴定。GPS卫星定位导航是一项高新技术，它具有全球性、全天候、定位精度高、功能多、应用广泛的特点，GPS不仅在测量导航、测速、测时等方面得到更广泛的应用，而且其应用领域不断扩大。将GPS定位导航技术应用于飞播，不仅大大提高了飞播治沙的精准率和成效，而且减少了人力、物力、财力，降低了飞播治沙成本。把我国飞播导航技术提高到了一个新的水平。

21世纪伊始，随着鄂尔多斯市飞播任务的不断增多和GPS定位功能在林业工程项目设计、工程施工中的广泛应用。2002年，将飞播导航技术作为一项课题进行研究，2004年GPS导航技术在飞播中的应用取得成功。

一、自由飞行阶段

我国的飞播治沙，开始试验时，地面导航十分原始、落后，只是在机场附近选择一片荒山，四角各插上一面红旗，中间铺上一幅"T"字布，让飞行员目视飞行作业，基本上属于无信号导航飞播。

二、人工领航阶段

（一）常规的人工地面信号导航

飞播治沙试验获得成功后，通过不断实践与改进，形成了一套常规的人工地面信号导航方法。在飞播前先进行飞播区作业设计，即开展飞播区自然经济情况调查，测量飞播区面积、设置四角角标，设计作业飞播带和播幅宽度。飞播作业时燃放草堆烟雾，人工摇晃红白旗信号，便于飞机寻找飞播区。在飞播区制高点安设"八一型"电台，人工手摇发电，与机场指挥部和作业飞机通话联系。

图7-1 早期飞播电台联系（王丽娜提供）

为了提高飞播质量，增加落种均匀度，减少重播、漏播现象，在中试和以后的推广应用阶段，又增加了飞播区基线和航标线的设计与测量。根据踏查的结果,利用罗盘仪确定航线方位,每个飞播区要测设3条以上航标线,按播幅大小,等距将每条播带上3个以上的航标点(导航点)测设成一条直线,垂直航线每隔1000米设置一条基线,在基线上每隔50米打一木桩,以便信号人员及时、准确地站在木桩处摇动红白旗打信号导航。将原来用草堆燃放的白色烟雾,改为人工制造的黄色烟雾,以区别于农牧民群众生产、生活用火形成的白色烟雾。在继续使用红白旗导航的基础上,又增加了镜子晃动反光信号,使飞行员能远距离捕捉目标。另外,背负式、手持式对讲机先后装配导航,实现各导航点与飞播区指挥台联网通信。

上述这种常规的规划设计与导航方式,在不断的改进中沿用了几十年。

(二)固定地标导航方法

20世纪80年代,我国飞播治沙列入国家计划,并全面进入发展阶段。贵州省林业厅与民航成都管理局、兰州空军密切协作,试验研究成功固定地标导航宽幅播种作业法,并在生产实践中进行了广泛的推广应用。

固定地标导航宽幅播种作业的设计程序如下:一是在飞播区设置角标和少量辅助信号点,并将角标、辅助信号点以及判明可作为导航标志的明显地物标(如村寨、突出山峰、河流、公路、铁路、水库等)标记在图上,以供飞行员按这些固定地物进行飞行作业。二是依据单位面积设计用种量、播带宽及每架次装种量等因素综合考虑,计算确定每条播带的长度(即飞播区长度)和每架次作业的带数和宽度,每架次作业的带数应为整数,最好是偶数。三是根据每架次作业的宽度,划分作业小区,作业小区的宽度以1000米左右或2~4架次为宜,每个小区的作业架次最好为偶数。四是在作业设计图上要绘出飞播区周界和作业小区界线,并标明小区号,以使机组人员在飞行作业时,能及时发现和掌握整个飞播区及每个作业小区的范围,利于机组控制飞行作业。除充分利用并在图上标明飞播区内和每个作业小区周界的明显固定地物标外,首先,在飞播区四角通视条件好的地方各设置一面红旗,中间设置"T"形作业小区角标,并绘制在作业图上。如飞播区较长,可在每个作业小区边界上,每隔3000~5000米处选一通观条件好的地方,设置长方形(6~8米长、1米宽白布)活动辅助标志,并将其所在位置绘制在作业图上。五是为保证播种质量,设计作业航高150~200米,播幅90~110米,播撒两次。六是飞播区指挥电台的位置,应尽可能选设在飞播区中部海拔高、通视条件好的山头上,或靠近飞播区进出航的位置,以利指挥飞机进入飞播区作业。飞播区电台位置也要标记在作业图上。

七是飞机播种前,设计人员应向飞播区飞播指挥员和飞行员详细介绍飞播区范围、地形条件、飞播区的设计和准备情况,参加飞播区的地面与空中视察,随时向指挥员和飞行员回答作业设计的有关问题。

固定地标导航宽幅播种作业法,对飞行员来说,由于在发现飞播区、进入飞播带、判断航迹、及时发现和修正风速与侧风的影响等方面,增加了难度,因此,要求飞行员应具有较高识别地物标的能力和飞行作业的精湛技术。飞行员在作业时,一要按作业小区的顺序号移动进行。二要凭借小区内的明显固定地物标和小区角标及周界辅助标志控制飞行,以150~200米的航高匀速播撒种子。三要掌握好播种开关箱的时机,尤其是在进、出航位置上更要注意。

固定地标导航方法与常规的人工地面信号导航相比,一是省去了飞播区基线和航标线的设计与测量。二是大大减少了地面导航人员,降低了劳动强度。三是不会因为地面导航人员未及时到位,使飞行员找不到目标而影响飞行作业,有利于抓住时机,抢季节、抢速度播种。四是通过两次播种(不增加单位面积作业时间),增加了单位面积上的落种机会,使落种均匀度提高,减少了重播、漏播现象。

据对比试验测算表明,采用固定地标导航宽幅播种作业,比常规人工地面信号导航作业,可节省飞播区地面费用50%~80%,提高落种均匀度5%~15%,减少重漏播面积10%~20%,增加了有效播种面积,节约了飞播成本。

三、卫星导航阶段

进入20世纪90年代后,广大飞播技术人员,掌握最新信息,应用全球卫星定位系统(GPS)进行作业设计,开展飞播治沙。从而,把我国的飞播治沙事业又推上了一个新的发展时期。

2000年,鄂尔多斯市把GPS定位和导航技术应用于飞播区航线编制及飞播作业导航中,为飞播大面积作业奠定了基础。但初始采用GPS导航飞播作业的,不能严格压线飞行,存在一定的重播漏播现象。通过不断探索、总结提高,到2003年基本实现了准确压线飞行,杜绝了重播漏播现象的发生。2004年,这一技术趋于成熟。发展历程主要划分为以下几个阶段。

（一）飞播区自由飞行阶段

2000 年，把 GPS 定位技术用于飞播作业时，只在 GPS 手持机中保存飞播区四至坐标，飞机在飞播区范围内依架次自由飞行，飞播区四至和航迹如图 7-2、图 7-3 所示。飞播效果如图 7-4 所示。

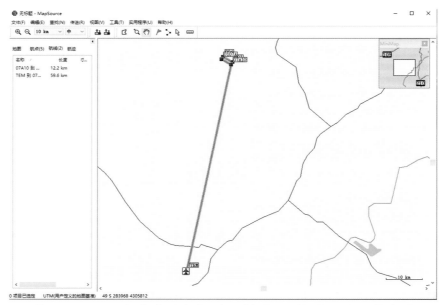

图 7-2　2000 年乌审旗机场至飞播区、飞播区四至及航线图

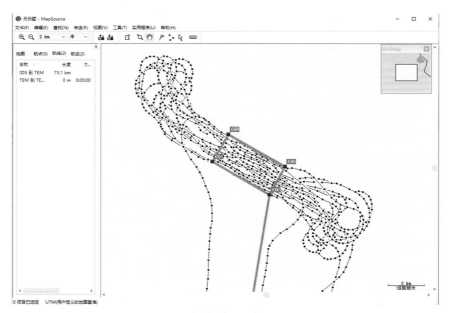

图 7-3　2000 年乌审旗自由飞行航迹图

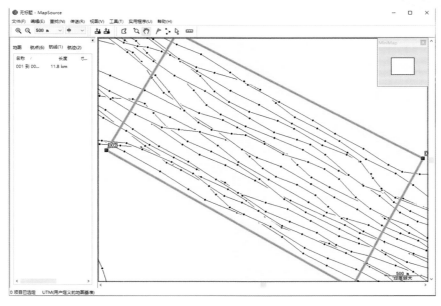

图 7-4　2000 年 GPS 技术定位飞播区内自由飞行效果图

从图 7-3 的航迹效果看，航迹较凌乱，结合飞播区接种统计分析落种分布情况，重播漏播的现象依然严重，至此，只是解决了能够完成大面积飞播作业的问题，飞播的质量没有明显提高。在分析航迹和接种情况的基础上，通过和飞行员反复沟通，认为只在 GPS 手持机中保存飞播区四至界线，对飞行的参照不够精准，不易准确把握航线的平直和分布的均匀，为此开始编制航线。

（二）编制航线专人辅助导航阶段

自 2001 年开始，按飞播区进行了航线编制，并专人辅助导航，但因 GPS 定位的延时性（GPS 定位更新频率为 1 秒，即 GPS 显示的位置是 1 秒钟前的位置），再加上专职导航人员传递到飞行员的延时，飞行员不能准确压线，仍有重播、漏播的情况存在。编制航线和飞播航迹如图 7-5、图 7-6、图 7-7 所示。

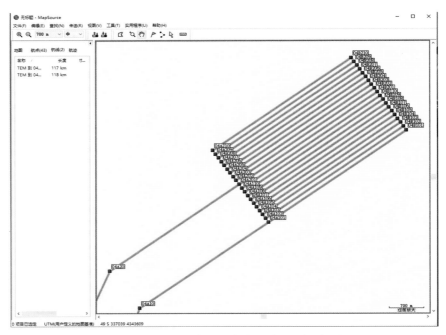

图 7-5 2001 年编制的飞播区航线图

如图 7-5 所示，该飞播区为两个架次，机场至飞播区进入飞播区航线前 2～3
千米的校准飞播作业航向线，便于飞机准确入航。

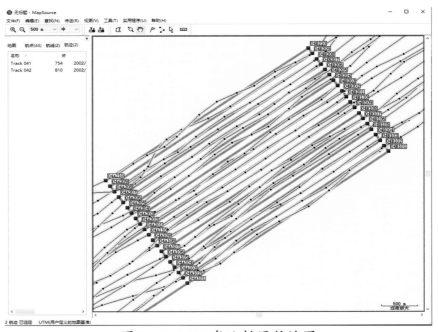

图 7-6 2001 年飞播区航迹图

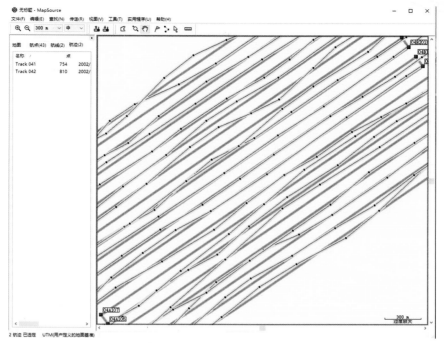

图 7-7　2001 年 GPS 技术导航飞播作业轨迹局部图

图 7-6 是 2001 年飞播区飞播航迹全景，图 7-7 是该飞播区航迹局部放大图，图中紫线是编制航线，黄线是实际飞播航迹，压线率不足 30%。

（三）编制航线和导航完善阶段

经反复与飞行员沟通，对航线的编制和导航方法进行了改进，编制航线在飞播区航向两端各延长 2～3 千米；导航直接由副驾操控。航线编制及航迹如图 7-8、图 7-9 所示。

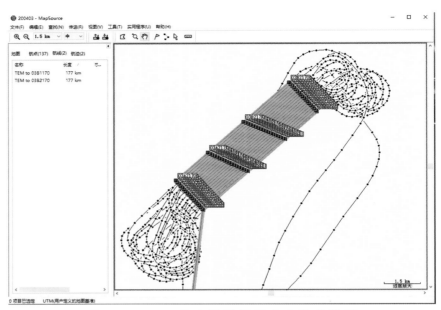

图 7-8　2004 年飞播区航线及飞播航迹图

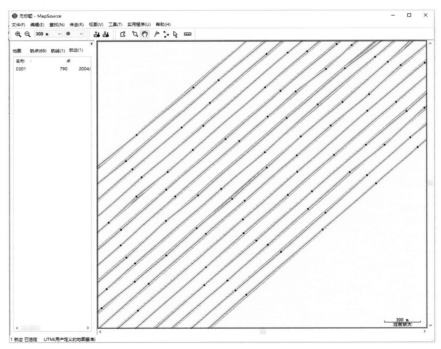

图 7-9　2004 年 GPS 技术导航飞播作业轨迹局部图

从图 7-9 可以看出,航迹均匀平直,压线率达 95％以上,航迹偏差航线最大距离不足 5 米,完全杜绝了重播漏播。在此基础上把飞播区航线两端的预备线从 2～3

千米缩短到 1.5 千米左右,在保证飞播质量的前提下进一步缩短了飞行时间,提高了效率,节约了成本。

第二节　飞播卫星导航的工作程序

GPS 是由 24 颗卫星构成的全球卫星定位导航系统,是 1990 年国际高科技成果,也是 21 世纪世界的主要导航系统。它能覆盖全球、全天候、连续、及时、多维和高精度定位导航。

GPS 导航设计。在 1:10000 或 1:50000 地形图上先确定飞播区形状和作业航向以及播带后,在该地形图上,依次对每条播带的 3 个以上的导航点(进行航端点和入航点)的地理坐标(具体到分、秒)进行精心量算,并将飞播带填记在 GPS 导航各航标点经纬表内。由于 GPS 导航点容量有限,一般最多输入 200 个左右的不同经纬度数据,因此,采取分批输入方法,将各组航标点(一条播带为一组)的经纬度有序输进 GPS(输入方法参见 GPS 说明书)。作业时,再依次消除已播航线和调出各组航标点的地理坐标组成航线飞行。如果偏离设计航线,GPS 机上的指针就会偏向一边(或左、或右),并报警,飞行员就要及时修正航向。

原鄂尔多斯市治沙造林飞播站从 2002 年开始研究编制新的工作程序。飞行航线的编制是以 GPS 导航为基础,GPS 导航的过程是把贮存在 GPS 中编制好的航线激活,激活的航线就在 GPS 中显示出来,飞行员根据显示的航线进行压线飞行,编制的航线是飞行员作业飞行参照的唯一依据,航线编制的准确度直接影响着飞播作业的准确度。

应用 Mapsource 软件编制航线,提高了编制航线的速度和精度。2004 年在编制飞行航线时,从飞播区两边各延伸 3 千米,作为飞播作业的预备线,飞行员在预备线内,根据 GPS 的显示和飞机的无线电罗盘,调整好飞行的角度,在飞机正式进入飞播区之前,做到按预编航线飞行,并保持整个作业过程,解决了飞播作业在无地面信号员的前提下,用 GPS 导航作业的技术问题。为了进一步缩短预备航线,提高飞播质量,2005 年经过与飞行机组讨论,将飞播区两侧的预备边缩短到 1.5～2.0千米,通过飞播作业后对飞行轨迹的观察,飞播作业中飞机完全能够准确按预编航线飞行。在保证飞播作业质量的前提下,缩短了飞播作业时间,降低了飞播成本。为提高导航作业质量,技术人员对Mapsource软件进行了第二次开发,建立了飞机播种管理系统模式。

一、编制航线

GPS图示导航飞播系统主要由GPS、笔记本电脑、系统软件和辅助设备四部分组成。

GPS图示导航的原理和方法是:GPS定位后,通过电缆将定位经纬度发送到计算机上,经过软件处理,计算机自动将定位的电子地图调出。随着GPS载体的运动,GPS定位结果发生变化,计算机则显示载体的运动轨迹,并从该画面上了解载体运动的方向、位置、到达目标的距离等。将此系统安装在飞机上,飞行员便可从导航图上知道飞机、机场和作业区的位置。飞机飞到哪里,导航图就显示到哪里,并通过自动记录和再现飞行轨迹,随时了解飞机飞行情况,有效提高飞播质量。

GPS图示导航设计。由于GPS图示导航系统是一种近乎实时的导航,以电子图像显示飞机空间位置的图示导航系统,导航信息醒目、直观、准确,系统操作简便,因而容易推广应用。

应用Mapsource软件编制航线。该软件是GPS和PC机的通信软件,PC机中编制的航线可以发送到GPS手持机,GPS手持机中的航迹可以上传到PC机。采用Mapsource软件编制航线后,大大提高了工作效率。

PC机上打开Mapsource软件,打开播区四至坐标图,以飞播区较长边的方向作为航线方向,以与播区较长边垂直的方向量取到相对边的距离,以50米左右为航线间距,控制在45～55米,具体以量得距离最接近或整除的除数为航线间距,以商为播带数。

第一条航线的首个航点距飞播区长边的距离为航线间距的二分之一,以首个航点为起点,以航线间距均匀布设航点,直至到对边的最后一个航点,同样的方法在飞播区长边的另一端添加航线点,确定航向(两点确定一条直线)。详见图7-10、图7-11。

图7-10中,向与飞播区长边垂直的方向作一条辅助线,辅助线上第一个航线辅助点距飞播区边界距离为25米,第二个航线辅助点距第一个航线辅助点距离为

50米,以此类推,直至该辅助线上的最后一个航线辅助点,用同样的方法确定第二条辅助线上的航线辅助点。

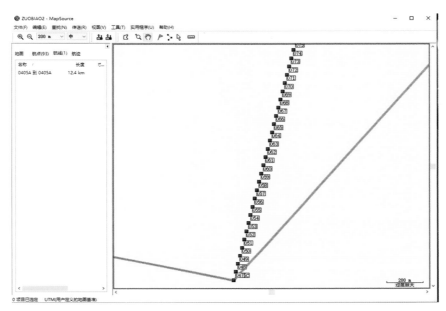

图 7-10　确定第一条辅助线上的航线辅助点示意图

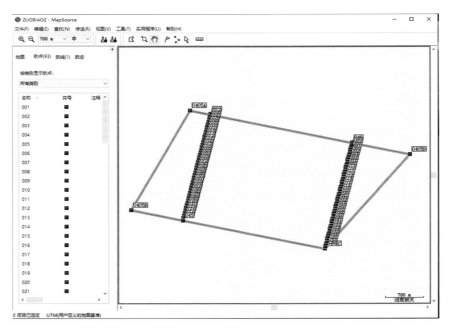

图 7-11　两条辅助线上的航线辅助点示意图

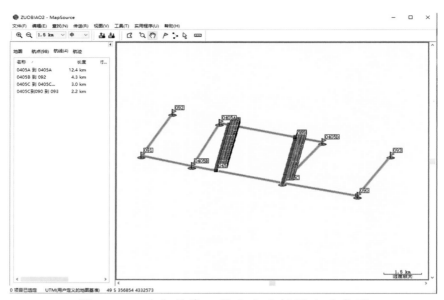

图 7-12　确定航线入航点和飞播区点示意图

在飞播区短边两侧 1～2 千米与飞播区短边平行方向画两条飞播入航辅助线，在同一航线上两个辅助点向两侧延长与飞播区短边和入航辅助线相交处确定入航点和飞播区航线点，如图 7-12 所示。

确定全部航线点后，删除所有的辅助线，按架次面积确定架次数，按架次编制航线，如图 7-13 所示。

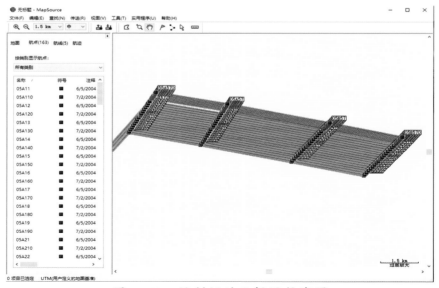

图 7-13　编制好的飞播区航线图

编制好航线后,保存在 PC 机中,并在飞播作业管理系统中以附件的形式保存,以便飞播作业的调用和管理。

二、导入航线

飞播作业前,将预飞播作业的航线发送到手持 GPS 并激活,同时机场装种组工作人员将配制搅拌好的飞播植物种装机,机组人员对飞机进行播前准备。

三、使用航线

飞播作业时,由机长控制航高、航速和种舱开关,进入飞播区航线点前 1 秒开舱,出飞播区航线点前 1 秒关舱;副驾驶负责导航和控制飞机航向。飞播作业完成返航停机后,飞播技术人员将本次飞播航迹从手持 GPS 机上传至 PC 机,在 Mapsource 软件中打开飞播航迹进行分析总结,及时与飞行员交流,及时修正飞行质量,并将下一架次航线发送至手持 GPS 机并激活航线。同时机场装种组人员装种,机组人员进行飞机维护,为下一架次的飞播作业做好准备。

当天飞播结束后,将所有架次的飞播航迹上传到 PC 机,飞播技术人员与飞行员对一天的飞播航迹进行问题分析和经验总结,找出问题症结,提出解决办法。

四、效果检验

把被调查播区相关坐标按要求输入 Mapsource 软件系统,利用导航原理定向调查。详见图 7-14、图 7-15、图 7-16。

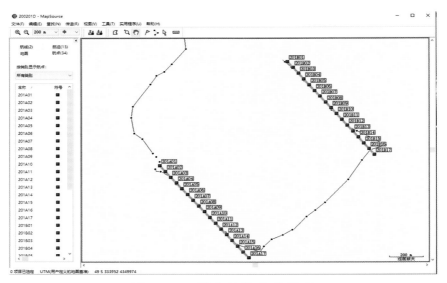

图 7-14　调查轨迹整体界面

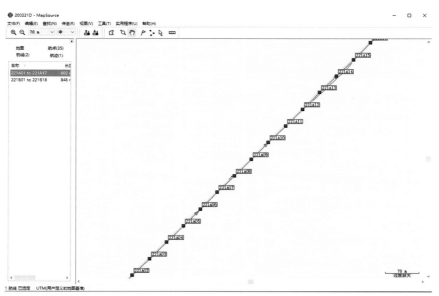

图7-15　调查轨迹局部界面

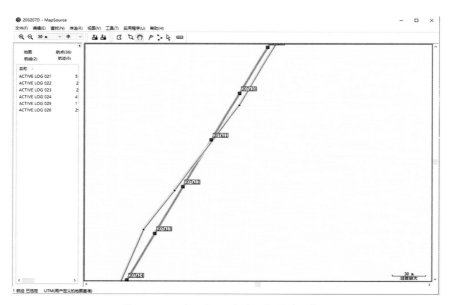

图7-16　绕障调查轨迹局部界面

第三节　卫星导航的优点

将卫星导航技术应用于飞播作业,归纳起来有如下优势,即四个"提高"和两个"降低"。

一、四个"提高"

一是提高了飞播作业的安全系数。往日人工信号导航播种作业时,飞行员找不到飞播区,有时因天气等原因找不到机场,既浪费了飞行时间又危及飞行安全。使用 GPS 导航后,飞机、机场、飞播区在何处,作业区范围、作业质量这一切都可以实时掌握,做到心中有数,可据此进行果断决策。特别是在人烟稀少、交通不便的边远山区和沙漠地区,使用 GPS 导航可引导飞机在飞播区和机场之间精准作业,提高了播种作业飞行的安全系数。

二是提高了播种质量。采用 GPS 导航作业,飞机飞行航迹明显可见,接种率达94%以上。以往飞行作业中修正偏流和移位,要根据地面风向风速、落种位置和飞行员的经验来判断,修正效果不理想。使用 GPS 导航后,无论是偏航距离和偏流角修正,均用数字和图像显示,直观准确,易于掌握,提高了偏流修正和移位修正的准确率,使落种位置更为准确。

三是提高了飞机利用率,缩短了作业时间。采用人工信号导航,往往因航路或作业区天气暂时不好,地面信号人员不能到位,造成不能作业或中途返航。采用 GPS 导航可最大限度地利用可作业天气,可随时到任何飞播区作业。

四是提高了播种的有效面积和种子利用率。采用 GPS 导航,飞播区形状可按实际设计,并可根据地类图标出无效地类,在无效地类的地段可关闭种箱,节约飞播用种。

二、两个"降低"

一是采用 GPS 导航,可降低飞播治沙成本,节省地勤费用。据测算,可节省飞播治沙成本的 10%～15%。

二是降低了劳动强度,摆脱了繁重的体力劳动。采用 GPS 导航,免除了测设航标和飞播作业时信号人员起早贪黑、日晒雨淋的艰辛劳动,解放了大批劳动力。

卫星导航系统是国家信息化建设的基础设施,不仅直接关系到国家信息安全和国防现代化建设,而且在经济建设、社会发展等方面也起到了重要的支撑作用。

第八章　鄂尔多斯飞播治沙的调查技术

第一节　落种调查

一、落种调查的目的

在播带上是否准确落种，是评价飞播质量的指标之一，也是飞播能否获得最大成效的基本要求。落种调查工作的主要目的：一是现地检查有无漏播或重播现象，确定落种准确率；二是统计每平方米落种粒数，作为撒播器出种孔径调试的依据，同时根据成苗调查结果，判断种子位移程度。

二、落种调查的方法

（一）播带内的调查

飞播前在播带内错落设置观测点，放置1米见方的白布，一块播区内每条播带可随意放置多个，为了提高准确率，可以尽量多布设观测点，并给每个点编号。飞播结束后，逐个统计观测点的落种情况，测定落种准确率，并填写记录表、分析数据、形成调查总结报告。

图 8-1　飞播落种调查布设（闫伟拍摄）

（二）播带外的调查

在飞播带两侧，分别距播带 0 米、12.5 米、25 米处设置 1 米×1 米的接种布样方，观测记录接种布样方内飞播种子的有无及数量，测定种子飘移距离。

图 8-2　飞播落种调查布设（闫伟拍摄）

三、落种调查的意义

鄂尔多斯西北风较多，风速在 5 米／秒以下时，对飞播落种基本无影响。如果风大，种粒小、质轻就容易发生飘移，使种子落到目的地数量减少，影响飞播成效。

图 8-3　飞播落种调查布设点收集种子（贾学文拍摄）

在鄂尔多斯飞播研究前期，飞播机场和播区均用手持风速风向仪进行风速风向测试观察。后期通过在飞播作业带设置落种观测点观测研究，有针对性地采取飞播植物种包衣丸化处理，降低了飞播植物种飘移的问题。

飞机在空中操作撒落植物种，目测操作是绝对不科学的。为了使供试种子准确地播撒在设计的播带内，鄂尔多斯进行落种调查研究中也逐步完善了飞播 GPS 导航技术。在飞播作业中应用 GPS 导航技术是当前最好的方法。

图 8-4   飞播种子落地情况（贾学文拍摄）

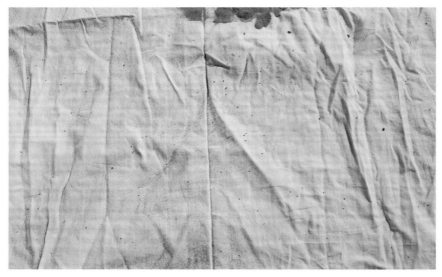

图 8-5   飞播种子落至布设点（贾学文拍摄）

第二节　成苗调查

成苗调查就是调查飞播区宜播面积内有效苗种类、数量等,并对飞播成苗做出等级评定。鄂尔多斯在飞播的各个时期一直不断研究成苗成效的调查方法。飞播成苗成效调查,在初试、中试、推广阶段,采取的是当年成苗率、第二年保存率和五年成效率调查。2000 年国家启动天然林保护工程后,根据相关管理要求,采取的是当年成苗调查和五年成效调查。

一、调查内容

调查内容包括宜播面积内有效苗的种类、数量。同时对苗高以及苗木生长、分布及病虫鼠兔害情况进行调查。

二、调查时间

飞播成苗调查是当年秋季或第二年秋季进行。

三、调查方法

在鄂尔多斯飞播的研究历程中,鉴于各播区面积大、类型复杂多样,在各播区采用过固定样方、线路调查、成数抽样法等方法。

固定样方:在固定标准地内,在不同部位,不同的植物群系设置 1 米×1 米的样方,调查飞播植物种当年成苗、保苗的状况。

线路调查:在播区内选择具有代表性的一定数量航线,作为调查线路,每隔 5 米设置 1 米×1 米样方,以定距抽样方法进行线路调查,先后两次的调查样方位置力求一致,按其不同部位、不同试验处理进行汇总,计算各植物种和全播区植物种发芽成苗及保苗状况,确定飞播成效高低。保存面积率(%)计算公式:

$$保存面积率(\%)=\frac{有苗样方数}{总样方数}\times100\%$$

成数抽样法:有苗面积成数估测精度 80%,可靠性 95%(t=1.96),设置圆形样地,半径为 1.79 米,面积为 10 平方米,调查线垂直于播区航向设置,线间距 1～3 千米,计算调查线,小播区不得少于 3 条线或采用对角线法,调查线上每 50 米设置一个样圆。调查主要内容是播区内有效苗种类、数量、苗高以及苗木生长、分布及病虫鼠兔害等。

图 8-6　成数抽样法调查样圆（王丽娜提供）

图 8-7　飞播成苗生长调查（闫伟拍摄）

图 8-8　飞播成苗生长调查（贾学文拍摄）

图 8-9 飞播成苗生长调查(闫伟拍摄)

四、评定标准

按照《飞播造林和封沙育林技术规程》(GB/T 15162—2005)、《飞播治沙造林技术规程》(DB15/T 556—2013)执行。

成苗等级评定,干旱、半干旱沙区飞播有苗样地频度划分为四级,见表 8-1。

表 8-1 干旱、半干旱沙区飞播成苗等级评定标准

有苗样地频度(%)	效果评定	
≥70	优	合 格
50～69	良	
40～49	可	
<40	差	不合格

鄂尔多斯一般选择在秋季进行成苗调查,若有苗样地频度未达到合格的播区,第二年 5—7 月采取补植或补播,采用植苗或人工撒播的方法,一般补植补播面积占播区面积的 20%～30%,主要以飞播目的树种为主。

表 8-2 飞播成苗调查统计表

县(市)名	播区名称	播区面积/亩	播区宜播面积/亩	调查样地数/个	有效样地数/个	有效样地平均株数/株	平均每公顷株数/株	有苗样地数/个	有苗样地平均株数/株	有苗样地频度/%	成苗面积/亩	成苗等级评定

调查人：　　　　　调查时间：　　　　　调查单位：　　　　　单位法人代表签字：

五、调查结果及分析

调查人员根据调查数据和调查情况综合分析飞播效果。如成苗率、合格率、苗木生长、自然因素(降水情况)等成苗的情况。

六、总结经验、问题及建议

总结飞播各环节发现的问题，为今后飞播归纳总结经验教训，以利于提高飞播技术。

七、成苗调查实例

下面以鄂尔多斯飞播推广试验阶段和飞播生产发展阶段的两个实例来介绍成苗调查。

(一)举例一

以 1988 年伊金霍洛旗红庆河补连图飞播播区(1 万亩)调查分析为例。

1.样圆数量的确定

$$n=t^2(1-P)\times(1+10\%)\div(E^2P)$$

式中：

n——样圆数；

t——可靠性指标(采用 95%，$t=1.96$)；

E——允许误差限($E=0.2$)；

P——预估的有苗面积成数(采用 70%)；

10%——安全系数。

代入式中：

$$n=1.96^2\times(1-0.7)\times(1+10\%)\div(0.2^2\times0.7)=45$$

2.有苗面积占总面积成数 $Pe(\%)$

$$Pe(\%)=(ne/n)\times100\%$$

式中：

ne——有苗样方数(调查 $ne=31$)。

代入式中：

$$Pe(\%)=(31\div45)\times100\%=69\%$$

其中：飞播植物种杨柴、籽蒿、沙打旺、花棒的当年成苗面积率分别为36.2%、57.6%、30%、24%。

3.面积成数标准差 σ

$$\sigma=\sqrt{Pe(1-Pe)\div n}$$

$$=\sqrt{0.69(1-0.69)\div45}$$

$$=0.0689$$

4.面积成数估计值绝对误差限 AP

$$AP=t\sigma$$

$$=1.96\times0.0689$$

$$=0.1350$$

5.面积成数估计值相对误差限 EP

$$EP=t\sqrt{(1-Pe)\div Pe(n-1)}$$

$$=1.96\sqrt{(1-0.69)\div0.69(45-1)}$$

$$=0.1980$$

估测精度为 $P\%=1-EP=1-0.198=80.2\%$

结论：用95%可靠性得到估测精度为80.2%。

6.各植物种苗木平均高 $\bar{y}$

$$\bar{y}=(1/ne)\sum_{i=1}^{ne}y_i$$

式中：

y_i——第 i 个样地树种苗高。

代入式中,得出：杨柴 10.7cm、籽蒿 13.5cm、沙打旺 3.1cm。

表 8-3 为调查杨柴 1988—1991 年度飞播生长情况。

表 8-3　主要飞播植物种杨柴各年度的生长情况（1988 年飞播区）

因子	调查年度			
	1988	1989	1990	1991
苗高 /cm	10.7	34.09	110	125
地径 /cm	0.14	0.4	0.6	0.8～1
冠幅 /cm			120×110	160×180

由表 8-3 可以看出，飞播后杨柴长势良好，显示出其在沙丘环境中具有很强的生命力。

(二)举例二

以 2006 年乌审旗飞播 10 万亩成苗调查为例。

1.飞播完成情况

飞播时间 2006 年 5 月 15—30 日，实际完成飞播作业面积 12.01 万亩，其中新飞播作业面积 9.37 万亩，对 2002 年和 2005 年飞播成苗率差的播区进行补播，补播面积 2.64 万亩。

2.调查人员及调查时间

组织专业技术人员分东西两个调查组。调查时间 2006 年 8 月 12—26 日。

3.调查对象、内容和方法

以 10 万亩飞播地块为调查对象。按照播区作业设计、地形图等资料，采用 GPS 卫星定位对各播区实际作业面积各角点坐标进行定位，确定其播区四至。成图后算出播区实际作业面积和播区宜播面积，并填写播区调查登记卡。

以播区为整体，采用《飞播造林技术规程》（GB/T 15162—2005)中的路线调查法，选播区的中线为调查线，沙丘迎风坡每隔 5 米，背风坡每隔 6 米设 1 个样方，样方面积 1 平方米，调查样方所处地类、飞播植物种种类、株数、平均高等，填写样地调查卡。

4.调查结果统计

飞播作业面积 11.14 万亩，17 块播区调查样方总数 4474 个，其中宜播地内样方数 4012 个，宜播地占播区总面积 89.8%，有苗样方 2321 个，平均有苗样地成数为 51.8%，有苗样地频度最高为 68.5%。有苗样地频度最低为 41.8%，飞播植物平均苗高 2.3 厘米。详见表 8-4。

表 8-4 乌审旗 2006 年成苗调查统计表

县(市)名	播区名称	播区面积/亩	播区宜播面积/亩	调查样地数/个	有效样地数/个	有效样地平均株数/株	平均每公顷株数/株	有苗样地数/个	有苗样地平均株数/株	有苗样地频度/%	成苗面积/亩	成苗等级评定
合计		111400	100000	4474	4012	0.9	5177	2321	1.7	51.8	56959	
乌审旗	苏力德苏木陶尔庙苏布庆嘎	8000	7200	454	408	0.9	5200	236	1.6	52	4160	良
	苏力德苏木塔来乌素敖友	5700	5240	349	320	1	6850	239	1.4	68.5	3904	良
	乌审召镇巴音陶勒盖锡尼乌苏	8300	7470	375	337	1.1	4850	182	2.1	48.5	4025	可
	乌审召镇巴音陶勒盖尔定木图	5000	4500	223	200	1	6370	142	1.5	63.7	3185	良
	乌审召镇巴音陶勒盖格日乐	5400	4860	216	194	1.2	6570	142	1.7	65.7	3547	良
	乌审召镇布日都斯庆巴德日呼	9800	8820	316	284	0.8	4180	132	1.9	41.8	4096	可
	乌审召镇布日都巴图吉日格勒	5000	4500	253	227	0.6	4190	106	1.3	41.9	2095	可
	乌审召镇布日都苏勒吉额连	9200	8300	235	212	0.5	4470	105	1.2	44.7	4112	可
	乌审召镇布日都阿贵希里新庙巴拉	7500	6750	276	248	0.8	4570	126	1.6	45.7	3427	可
	乌拉陶勒盖镇巴音希里	12500	10860	412	357	1	4780	197	1.9	47.8	5975	可
	乌拉陶勒盖镇巴音希里上布拉格	7500	6750	268	241	1	6530	175	1.5	65.3	4897	良
	乌兰陶勒盖镇巴音放包	6300	5670	192	172	0.8	4580	88	1.7	45.8	2885	可
	图克镇陶包哈斯朝格图	4000	3600	304	273	1.2	4900	149	2.3	49	1960	可
	图克镇陶包阿拉腾呼雅格	5000	4500	118	106	1	4750	56	1.9	47.5	2375	可
	嘎鲁图镇萨如怒图克特古斯	5000	4500	162	145	0.9	6300	102	1.3	63	3150	良
	嘎鲁图镇巴音温都尔呼木盖	5000	4500	135	121	0.8	4300	58	1.8	43	2150	可
	嘎鲁图镇呼和淖尔青达乌力吉松布尔	2200	1980	186	167	0.7	4620	86	1.4	46.2	1016	可

5.调查结果及分析

(1)播区成苗率普遍较低。原因是当年气候十分干旱,6月降雨几乎为零,7月以后有雷阵雨,但降雨也少,因而飞播成苗率低。

(2)苗木生长量小。

(3)目的树种杨柴较往年数量少。原因一是播量为0.2斤/亩,往年是0.3斤/亩;二是飞播后无有效降雨,造成闪芽现象。

6.经验、问题及建议

(1)飞播植物种净选、包衣丸化处理、GPS在定位和导航作业中应用、预飞播地块在飞播前1—2年围封、设置沙障,各项飞播技术降低了飞播成本,提高了成苗率。

(2)建议加大杨柴和籽蒿比例,提高有效苗数。杨柴比例的加大可提高飞播目的树种的有效苗数。籽蒿比例的加大,可以起到一定的固沙作用,以补充飞播区劳力少,交通不便而设置沙障少的不足。

(3)应与当地气象部门联系,了解当年降雨预报,在降雨条件允许的情况下,应尽量提前飞播作业,将飞播作业时间提前至5月中旬,这样可以使飞播植物种覆沙时间和厚度增加,减少闪芽现象。同时能够抢头雨,使飞播植物种早发芽,延长生长期,提高冬春的抗风蚀能力。

(4)加强宣传,动员播区农牧民赶羊踩踏,增强飞播植物种抗闪芽和抗位移。

第三节　成效调查

一、调查内容

成效调查主要包括成效面积以及平均每公顷株数、苗高和地径、苗木生长、分布情况及林草覆盖度等,并做出成效评定,总结经验。

二、调查时间

飞播后五年对播区进行成效调查。

三、调查方法

飞播成苗和成效的调查方法相同,区别在调查时间上。随着飞播研究的深入,调查方法更加科学合理。鄂尔多斯市各地均采用样圆10平方米的成数抽样调查法。

图 8-10　飞播成效调查（贾学文拍摄）

图 8-11　飞播成效调查（贾学文拍摄）

四、评定标准

执行《飞播造林和封沙育林技术规程》（GB/T 15162—2005）、《飞播治沙造林技术规程》（DB15/T 556—2013）。沙区飞播成效等级评定，根据"干旱、半干旱沙区飞播成效等级评定标准"评定。

表 8-5　干旱、半干旱沙区飞播成效等级评定标准

成效面积率(%)	效果评定	
≥55	优	合　格
35～55	良	
21～34	可	
<20	差	不合格

表 8-6　飞播成效调查统计表

旗县市区	播区名称	播区面积	播区宜播面积	播区成效面积			治沙成效面积			造林成效面积			成效等级评定
				总计	占宜播面积比例(%)	树种及面积 (树种)……	总计	占宜播面积比例(%)	树种及面积 (树种)……	总计	占宜播面积比例(%)	树种及面积 (树种)……	

注:播区成效面积 = 治沙成效面积 + 造林成效面积

调查人:　　　　调查时间:　　　　调查单位:　　　　单位法人代表签字:

五、调查结果及分析

以播区为单位综合评定成效等级,对飞播各环节的工作做出评价,总结经验、教训,提出建议,形成成效调查报告。

六、成效调查实例

以伊金霍洛旗 2005 年调查 2000 年飞播成效为例。

(一)调查对象、内容和方法

调查对象为 2000 年天然林保护工程的 2 个飞播区共 10000 亩;调查内容为播区面积、苗木保存、管理等。调查方法执行《内蒙古自治区飞播造林成苗调查办法》,成效评定标准按照《国家天保工程核查验收办法》和《飞机播种造林技术规程》的规定。

1.面积调查

播区作业设计、地形图等资料,采用 GPS 卫星定位仪对播区实际作业面积各角点坐标进行定位,确定播区四至。

2.成效调查

(1)以播区为总体,采用成数抽样法。

(2)对调查播区进行预备调查,根据预备调查的有苗面积成数,计算出样地数量。

(3)调查线的设置按照已核实的播区面积用 GPS 测出调查线的起点坐标,调查垂直于播带等距离设置,并依次编号。

(4)样地调查。有苗样地成数调查,按计算出的调查点布设样地,调查样地地类、是否位于宜播地区、飞播植物有效苗株数,分树种记录。单位面积成苗株数调查,按宜播区的样地,调查飞播植物种有效苗株数和平均高。样地内有效苗株数超过 20 株,选 1 平方米标准地调查,推算出样地有苗株数和平均高。

(二)调查结果

2 个播区 10000 亩,其中宜播地为 8850 亩,面积核实率 100%,共调查样圆 160 个,宜播地有苗样地 124 个,有苗样地频度 78%,2 个播区为合格播区。

表 8-7　伊金霍洛旗 2000 年播区面积调查登记卡

单位:公顷

序号	播区名称	实际作业面积角点坐标				设计面积		调查面积	
		第一点	第二点	第三点	第四点	作业	宜播	作业	宜播
合计						666.6	590	666.6	590
1	红庆河通格朗	N39° 16′ 28.0″ E109° 28′ 45.7″	N39° 16′ 45.8 E109° 26′ 428.1″	N39° 16′ 13.9″ E109° 26′ 21.6″	N39° 15′ 57.1″ E109° 28′ 37.7″	333.3	300	333.3	300
2	台格苏木台格嘎查	N39° 05′ 55.9″ E109° 35′ 10.0″	N39° 05′ 09.7″ E109° 33′ 32.8″	N39° 05′ 50.4″ E109° 33′ 07.3″	N39° 06′ 36.6″ E109° 34′ 42.7″	333.3	290	333.3	290

表 8-8　伊金霍洛旗 2000 年飞播造林成效调查统计表

播区序号	播区名称	东南角点地理坐标	播种时间	调查面积		作业设计面积		样地数			有苗样地频度（%）	每公顷有苗样地数（个）	苗木平均高（cm）	有苗面积	评定等级
				作业	宜播	作业	宜播	总数	宜播地数	宜播中有苗样地数					
合计				666.6	590	666.6	590	118	92	71	78			458	
1	红庆河通格朗	N39°15′57.1″ E109°28′37.7″	2000.06	333.3	300	333.3	300	68	42	36	85	0.11	81	255	合格
2	台格苏木台格嘎查	N39°07′02.6″ E109°38′15.2″	2000.06	333.3	290	333.3	290	50	50	35	70	0.11	80	203	合格

表 8-9　伊金霍洛旗 2000 年飞播造林成效调查成数样地调查卡（节选）

样地序号	所处地类		样地种类		飞播有效苗株数（株）			有效苗平均高（厘米）			备注（样圆位置）
	宜播地	非宜播地	有苗样地	非有苗样地	杨柴	籽蒿	沙打旺	杨柴	籽蒿	沙打旺	
1	√		√		21	7		100	42		0382125　4334054
2	√		√				11			90	0382099　4333999
3	√		√			7	2		40	85	0382087　4333953
4	√		√		5	3	1	95	38	80	0382036　4333880
5	√			√							0381983　4333858
6	√		√		4	6		96	38		0381927　4333834
7	√		√		7	7		95	39	80	0381862　4333811
8	√		√		12	5		95	38		0381794　4333807
9	√		√		11	7		97	35		0381712　4333797
10	√		√		17	3		95	38		0381653　4333801

备注：台格苏木台格嘎查播区。

第九章 鄂尔多斯飞播治沙创新技术研究

第一节 飞播治沙管理系统建立

一、建立背景

飞行航线的编制是以 GPS 导航为基础。GPS 导航的过程是把储存在 GPS 中编制好的航线激活,激活的航线在 GPS 中显示出来,飞行员根据显示的航线进行压线飞行。编制的航线是飞行员作业飞行参照的唯一依据,航线编制的准确度直接影响着飞播作业的准确度。作为飞播作业的预备线,飞行员在预备线内,根据 GPS 的显示和飞机的无线电罗盘,调整好飞行的角度,在飞机正式进入飞播区之前,做到按预编航线飞行,并保持整个作业过程,解决了飞播作业在无地面信号员的前提下,用 GPS 导航作业的技术问题。应用 Mapsource 软件编制航线,提高了编制航线的速度和精度。通过飞播作业后对飞行轨迹的观察,飞播作业中飞机完全能够准确按预编航线飞行。

二、建立目的

为了提高编制航线的速度和精度,确保资料数据的完整性和系统性,技术人员应用 Mapsource 软件编制航线并对 Mapsource 软件进行了二次开发,建立了飞机播种管理系统模式。

三、系统内容

飞机播种管理系统模式,在数据库中录入飞播区调查、成苗调查、飞行作业表、控制点坐标、配种表、小班表等内容。

四、操作程序

飞播作业管理系统包括飞播区信息录入、飞播航线编制、配种、飞播作业、飞播航迹存查和飞播区调查等飞播治沙全过程数据,便于对飞播数据的统一管理和分析。该管理系统主要包括基础数据的输入和结果数据的输出两大部分。

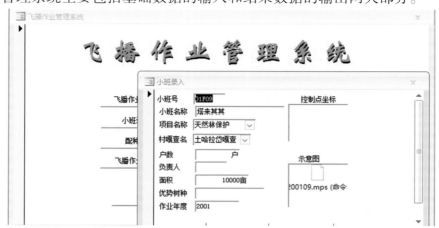

图 9-1　飞播作业管理系统界面

图 9-2　飞播作业管理系统小班录入界面

　　该系统基础数据的输入包括小班信息录入、飞播作业记录、配种表和成苗调查表。

　　小班信息录入界面中主要包含小班号、小班名称、项目名称、小班所在村嘎查（嘎查为蒙古语"村"）、飞播区户数、飞播区负责人、飞播区面积、飞播主要树种、作业年度、控制点坐标和示意图等信息。

　　飞播作业记录界面包含小班录入界面的所有信息，另外还有架次号、作业小班号、作业飞机号、作业日期、飞机起飞时间、飞机降落时间、配种号和备注等项内容，在备注中注明是新飞还是补飞。

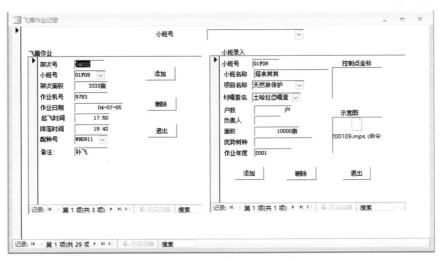

图 9-3　飞播作业记录界面

配种表界面中包含各类配种组合,有配种号和各类种子每亩的配比数量。

图 9-4　飞播作业管理系统树种配置界面

成苗调查主要包含调查序号、小班号、选择是否为宜播地、调查样地面积及杨柴、籽蒿、沙打旺和草木樨等主要飞播植物种的调查株数和平均苗高。

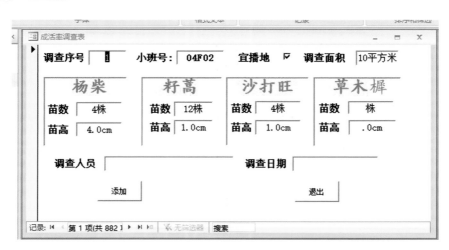

图 9-5　飞播成苗调查界面

输出结果数据主要包括飞播面积用种合计表、飞播作业时间合计表、飞播作业补播、新播时间合计表、飞播作业小班合计表、成苗调查表。

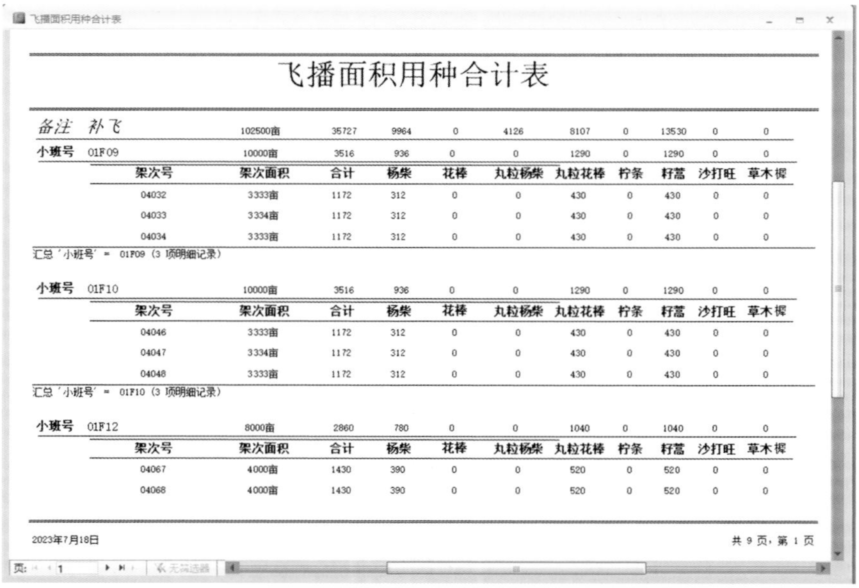

飞播面积用种合计表

	架次号	架次面积	合计	杨柴	花棒	丸粒杨柴	丸粒花棒	柠条	籽蒿	沙打旺	草木樨
备注　补飞		102500亩	35727	9964	0	4126	8107	0	13530	0	0
小班号　01F09		10000亩	3516	936	0	0	1290	0	1290	0	0
	04032	3333亩	1172	312	0	0	430	0	430	0	0
	04033	3334亩	1172	312	0	0	430	0	430	0	0
	04034	3333亩	1172	312	0	0	430	0	430	0	0
汇总 '小班号' = 01F09 (3 项明细记录)											
小班号　01F10		10000亩	3516	936	0	0	1290	0	1290	0	0
	04046	3333亩	1172	312	0	0	430	0	430	0	0
	04047	3334亩	1172	312	0	0	430	0	430	0	0
	04048	3333亩	1172	312	0	0	430	0	430	0	0
汇总 '小班号' = 01F10 (3 项明细记录)											
小班号　01F12		8000亩	2860	780	0	0	1040	0	1040	0	0
	04067	4000亩	1430	390	0	0	520	0	520	0	0
	04068	4000亩	1430	390	0	0	520	0	520	0	0

2023年7月18日　　共 9 页，第 1 页

图 9-6　飞播面积用种合计表界面

飞播作业时间日合计表

飞播作业时间日合计表

作业日期 2004年7月1日 **合计** 5:17

小班号	架次号	作业机号	作业日期	起飞时间	降落时间	作业时间	备注
01F47	04001	8783	04-07-01	5:34	6:39	1:05	补飞
01F47	04002	8783	04-07-01	7:00	8:01	1:01	补飞
01F27	04003	8783	04-07-01	10:26	11:24	0:58	补飞
01F27	04004	8783	04-07-01	11:40	12:39	0:59	补飞
01F25	04005	8783	04-07-01	16:17	17:31	1:14	补飞

图 9-7 飞播作业时间合计表界面

飞播作业补播新播时间合计表

飞播作业补播新播时间合计表

补飞 **合计** 11:21

小班号	架次号	作业机号	作业日期	起飞时间	降落时间	作业时间
01F09	04032	8783	04-07-05	17:50	19:42	1:52
01F09	04033	8783	04-07-06	5:30	7:26	1:56
01F09	04034	8783	04-07-06	8:03	9:54	1:51
01F10	04046	8783	04-07-09	7:20	8:08	0:48
01F10	04047	8783	04-07-09	8:29	9:17	0:48

图 9-8 飞播作业补播新播时间合计表界面

飞播作业小班合计

飞播作业小班合计

小班号 01F09 **合计** 5:39

架次号	作业机号	作业日期	起飞时间	降落时间	作业时间	备注
04032	8783	04-07-05	17:50	19:42	1:52	补飞
04033	8783	04-07-06	5:30	7:26	1:56	补飞
04034	8783	04-07-06	8:03	9:54	1:51	补飞

小班号 01F10 **合计** 2:23

架次号	作业机号	作业日期	起飞时间	降落时间	作业时间	备注
04046	8783	04-07-09	7:20	8:08	0:48	补飞
04047	8783	04-07-09	8:29	9:17	0:48	补飞
04048	8783	04-07-09	9:35	10:22	0:47	补飞

小班号 01F12 **合计** 2:29

图 9-9 飞播作业小班合计表界面

序号	播区名称	实际作业面积角点坐标						设计面积		调查面积	
		第一点	第二点	第三点	第四点	第五点	第六点	播区面积	宜播面积	播区面积	宜播面积
01	胡同牧业社	333761	336085	335654	333330			4100	4000	4100	4000
02	王文华	357086	358330	359223	357980			3400	3000	3400	3000
03	阿贵希里素穆	315280	316997	315422	313774			5100	5000	5100	5000
04	达开南才旺	360112	358986	362560	364172			12100	11000	12100	11000
05	陶吉东沙播区	342937	343804	342700	341820			4000	3700	4000	3700
06	当日图小队播	321984	325041	320082	317024			45600	42000	45600	42000
07	乌日图什巴台	328365	330056	329316	327633			5200	5000	5200	5000
08	古库其东沙播	350405	353370	352595	351994	351293 4320371	348916 4321440	7500	7000	7500	7000
09	布连其1	328487	331518	331081	328002			2600	2500	2600	2500
10	布连其2	335540	336989	336490	334955			2300	2200	2300	2200
11	陶尔庙五社1	282330	282670	281361	280949			2400	2200	2400	2200
12	陶尔庙五社2	284280	285008	283250	282313			2700	2500	2700	2500
13	阿刀亥南沙	337174	337408	334758	334006			3000	2700	3000	2700

图 9-10 成苗调查综合查询表界面

五、建立管理系统的作用

飞机播种管理系统模式在保证飞播作业质量的前提下，缩短了飞播作业时间，降低了飞播成本，为鄂尔多斯市林业资料数据库的建立和数字林业的发展奠定了良好基础。

第二节 柠条飞播技术研究

一、研究背景

在天保工程启动之初，鄂尔多斯飞播治沙已取得了较大成绩。然而，飞播植物种单一和相关配套技术的缺失仍是制约鄂尔多斯飞播事业快速发展的主要因素。1998年，中国林业出版社出版的《中国飞播造林四十年》一书中，归纳总结内蒙古自治区飞播造林植物种选择时，谈到"通过试验说明，柠条、紫穗槐成苗和保苗都不好，不宜用于飞播固沙"。柠条是鄂尔多斯乡土树种，深受当地农民的喜爱，它的生物学特性非常适合在干旱半干旱地区生长，那为什么柠条在飞播造林中表现平平？

为此，2002年鄂尔多斯市林业局把提高飞播造林中柠条的"两率"作为一个重要科技攻关进行立项，《鄂尔多斯地区柠条飞播造林技术研究与示范》项目应运而生。经过充分酝酿，最终确定分别在鄂托克旗、鄂托克前旗、准格尔旗、达拉特旗、乌审旗、杭锦旗6个旗进行试验示范。试验规模为12.5万亩，试验示范期限为2002—2006年。

二、研究方法

该课题确立以柠条乡土树种为主体，坚持室内分析研究与野外调查测试紧密结合的原则，坚持理论性、系统性、实用性、指导性相结合的研究方法，按照既定的技术路线，以提高柠条的"两率"为核心展开试验示范和调查研究，然后对试验数据、资料进行整理、分析，得出结论。

一是从研究柠条的适应性和抗逆性入手，在室内对其生物学特性、生态学特性及其营养价值资料进行整理、分析，同时对目的树种柠条、杨柴、花棒及先锋植物种籽蒿的抗旱特征及其与地下水分含量动态变化的对应关系和分布特征进行试验研究，为科学地选择树种、合理地配置飞播植物种寻找理论依据。

二是对所有的供试植物进行包衣、丸化处理后再进行飞播作业，在飞播作业中认真观察飞播落种的准确度和均匀度及鸟鼠兔为害情况，并进行数据统计分析。

三是通过专用器械或牲畜踩踏对飞播区地面进行处理，增加地面的粗糙度，认真观察播后飞播植物种覆土情况，并做好所有飞播植物种的物候观测记录。

四是通过核实、统计、分析本课题飞播植物种的抗逆性试验数据、物候观测数据及成苗、成效调查数据，得出结论。

三、研究内容

(一)飞播区选择和植物种配置

飞播区选择：飞播区域选择在年降水量大于200毫米的硬梁覆沙地、平缓沙地、退化沙化草场，密度小于0.6的中小型沙丘。

植物种配置：以柠条为目的树种，并混播杨柴、花棒、籽蒿。植物种配置模式为柠条+杨柴+籽蒿、柠条+花棒+籽蒿2种，各植物种亩播量分别为柠条锦鸡儿0.9斤(或中间锦鸡儿0.6斤)、杨柴0.1斤或花棒0.1斤、籽蒿0.2斤。

(二)柠条抗旱性

一是分析柠条的各项生理指标与其抗旱性关系。主要通过生理生化指标实验分析。

二是分析柠条的形态结构与其抗旱性关系。主要通过柠条在干旱胁迫下形态、结构的表现，分析其根、茎、叶和生物量等方面的变化，并对其进行分析和评价。

（三）种子处理

一是分析包衣、丸化处理的林草种子与对照种子,在发芽率和发芽势的表现。

二是分析不同用量的丸化生物胶对丸化种子水稳性及崩解性作用。

三是分析包衣、丸化种子在飞播种子飘移、位移的作用。

四是分析包衣、丸化种子对苗木生长的影响。

（四）播区地面处理

过去在覆沙梁地、中小型沙丘起伏沙地飞播柠条等沙生植物成效差,主要是由于飞播植物种在地表长时间的裸露,变得坚硬而且光滑,飞播种子很难在地表停留,更难以扎根生长。为了解决这一问题,对播区地面进行处理试验。第一种方法是在飞播前,用不同规格的木耙、铁耙划破地表,增加地表粗糙度,防止种子位移和促进种子覆土;第二种方法是在飞播后,利用羊群践踏进行覆土;第三种方法是飞播造林前在流沙严重的地区设置各种类型、不同材料的沙障。试验中的对照为不做任何处理。

四、试验结果

鄂尔多斯地区飞机播种柠条造林技术研究与示范,首先从飞播目的树种柠条和其他植物种配置模式入手,进行了多方面的分析研究。通过飞播种子处理、飞播GPS导航和飞播区地面处理三项技术集成配套使用,来提高飞机播种柠条造林技术试验示范的成效。

通过该项目的试验,彻底突破了柠条不适宜飞播造林的误区。无论是从柠条的适应性、抗旱性及在鄂尔多斯地区分布特征,还是从飞播柠条成苗率的观测数据,飞播柠条可以在立地条件更为困难的起伏沙地中良好生长。柠条在飞播造林中的地位同人工造林一样,是鄂尔多斯地区的优良治沙树种,选择柠条作为鄂尔多斯地区飞播目的植物种,是完全正确的。飞播柠条试验的成功,进一步丰富了鄂尔多斯地区的飞播植物种,有效地提高了飞播区林分质量,极大地增强了飞播区的稳定性,确保了飞播区内林地多种效益的长期有效发挥,揭示了飞播区水分动态变化与供试植物的生长规律,明确了适宜飞播柠条的播期、飞播量、植物种配置模式及立地类型。

第三节　二次飞播研究实验

针对高大沙区当年飞播治理较为困难的实际情况，在飞播前一年先行封禁作为预备播区，播区内的天然植物如沙米等自然恢复较快，形成天然沙障，第二年可提高飞播成效，又可降低飞播成本；或者第一年先飞播籽蒿等先锋植物，起到沙障保护作用，第二年再飞播杨柴、柠条、花棒等目的树种。

一、研究背景

鄂尔多斯气候干旱少雨、风大沙多，毛乌素沙地和库布其沙漠是中国西部典型的干旱、半干旱荒漠地区。恶劣的自然环境导致造林成本相对较高。2011年，天保工程二期随将飞播造林投资标准从天保工程一期的40元/亩提高到120元/亩，但各旗区争取飞播造林任务的积极性仍然不高，从2011年至2014年4年间各项目单位勉强承担了天保工程飞播造林任务81万亩，平均每年20万亩，其中绝大多数任务是和亿利集团合作完成，且播区成苗率较低，难以达到国家标准。主要原因：一是按照"先易后难"的治理原则，经过天保工程一期的实施，鄂尔多斯市立地条件较好的地块已基本得到治理，目前的宜播地多为远沙大沙地带，沙丘密度高、起伏大、立地条件差，人力难以到达，项目实施困难，飞播成效难以保障；二是根据飞播立地条件，要想确保飞播造林成效，必须设置一定面积比例的沙障，但在远沙大沙中，设置沙障材料不能就近取材，运输、人工等成本显著增加，以目前的投资标准难以完成；三是近年来，国家和自治区对工程建设质量要求很高，验收严格，各项目实施单位担心飞播地块成效不高，难以通过国家验收。因此，各项目实施单位不愿承担飞播造林任务。鄂尔多斯市飞播造林任务量在逐年下降，飞播造林面临前所未有的挑战。

二次飞播是将飞播造林实施年限设置为二年，第一年飞播籽蒿、沙米等先锋植物种，经过一年的生长和封禁，籽蒿、沙米恢复成自然活沙障，第二年再飞播杨柴、花棒、柠条等目的树种。亿利集团采用过二次飞播技术，对外宣传效果较好，但没有留下可靠数据。2015年，原鄂尔多斯市天然林资源保护管理局依托天保工程飞播造林项目，在库布其沙漠设置二次飞播造林实验示范地块，对二次飞播造林进行再次实验，实验先锋植物种作为活沙障的作用，推算人工沙障设置面积的减少比例，核算成本高低，对比飞播造林成效，探索二次飞播造林技术的可行性，为二次飞播造林技术在鄂尔多斯地区推广提供数据依据。

二、研究内容

第一年飞播籽蒿,过一年的封禁和自然恢复,根据籽蒿生长状况和盖度,以及作为活沙障的可利用度,实地确定人工沙障设置的比例和类型。第二年飞播杨柴、花棒等目的树种。通过当年成苗调查和五年成效调查,以数据为依据,与同一年其他飞播地块的成苗和成效进行对比,进而示范二次飞播造林的成效。

二次飞播造林中目的树种的亩播种量不变,先锋植物种的播种量增加三倍,飞行架次相应增加,种子费、飞行费、地勤和人工费也相应增加,费用增加量根据年度地区飞播造林总量进行核算。第二年飞播目的树种时,飞播的籽蒿作为活沙障可相应减少人工沙障的设置面积,降低人工沙障设置费用。综合计算二次飞播造林技术成本的高低。

在库布其沙漠,完成二次飞播造林技术实验示范面积2600亩,共计两个飞行架次,跟踪调查相关数据,采集相关影像资料,保留实验示范地块。

三、研究方法

实验材料:先锋植物种选择籽蒿,目的树种选择杨柴和花棒,与2015年库布其沙漠其他飞播地块选择的飞播种子相同,其他飞播地块作对照。

实验地点:示范地点选择在独贵塔拉镇图古日格嘎查3号播区。

小班设置:实验示范项目面积2600亩,飞行两架次,为防止飞播种子飘移对实验造成影响,在独贵塔拉镇图古日格嘎查3号播区中间位置选择两条播带,记录GPS坐标,并定制永久性标桩,设置示范标志牌。

种子处理:实验示范项目区种子处理与2015年杭锦旗飞播造林种子选择和种子处理方式相同。籽蒿种子精选,杨柴种子包衣,花棒种子丸粒化。与飞播造林种子同时购置、运输、储存。拌种、装种等工序均无需特殊处理。

播种量:第一年飞播籽蒿种子,每亩播种量0.6斤。第二年飞播杨柴和花棒,每亩播种量0.5斤,杨柴每亩0.2斤,花棒每亩0.3斤。杭锦旗复合式飞播造林籽蒿每亩播种量为0.2斤,杨柴和花棒每亩播种量为0.5斤,沙障设置面积为宜播面积的33%。

播种时间:籽蒿种子较小,为防止位移,播种时间应选择无风天气,尽量安排在清晨或傍晚,两个架次连续完成,飞行高度尽量保持在 60 米。

测定指标:各项指标测定均按照飞播治沙造林技术规程实施。第一年 8—9 月测定项目区籽蒿成苗率、苗高、单位面积生物量等指标,同时测定飞播造林区各项飞播植物种成苗率、苗高、单位面积生物量等指标;第二年 8—9 月测定项目区籽蒿保存率,杨柴和花棒成苗率、苗高、单位面积生物量等指标;第五年做项目区和飞播区的成效调查,测定目的树种保存率和植被盖度等指标。

四、研究结果

经调查,2015 年选择的二次飞播实验地块比较偏远,高大沙丘多、密度大,飞机播种的籽蒿出苗率较低,杨柴和花棒出苗率较差。没有达到实验效果,二次飞播实验失败。具体原因,有待进一步探讨。

第四节　飞播种子处理技术研究

一、研究背景

在鄂尔多斯飞播技术人员的不懈努力下,到 2002 年,沙区飞播三大技术——飞机播种作业技术、地面处理技术和种子处理技术,前两项都有突破性的成果,但唯独在最重要的种子处理技术方面进展不大,成为飞播治沙造林的最大障碍,在种子处理技术方面,驱避效应和降低飘移、位移效应成为所有障碍因素中的"瓶颈"。

在历年的沙地飞播试验中,比较成功的植物种为豆科植物,如杨柴、柠条等。但这些植物种,从种子落地到成苗,受鸟、鼠为害严重,极大地影响了飞播治沙造林种草成效。根据课题组在鄂尔多斯毛乌素沙地多年飞播治沙造林实验研究结果,以杨柴为例,其鼠为害率最高可达 90% 以上。为了进一步提升种子处理技术,鄂尔多斯市开展了飞播林草种子处理配套技术研究,重点解决飞播种子飘移、位移,受干旱、鸟、鼠为害等方面的技术难题。

二、研究目标

以解决飞播种子下落飘移、风蚀位移、无覆土闪芽、鸟鼠为害为主要实验内容,以抗闪芽、驱避鸟鼠为技术关键和创新点。分析今后应用中普遍存在的自然立地类型和机械加工的基本要求,确定丸化处理的主要目标和技术难点,最后根据每个目标和技术难点,寻求解决方法,并保证各项处理效果不矛盾、不相克。

三、研究内容

种子包衣、丸粒化,从广义上说,都是对种子进行加工处理,把包衣和丸粒化都统称为包衣;从狭义上说,包衣就是给种子外皮包裹一层驱避剂,防止鸟鼠等的为害,种子大小没有明显变化;丸粒化就是以具有胶性的物质作为中介黏合剂,使用各种丸化材料,如保水剂、增重材料、驱避剂、微量元素、生长调节剂等按比例均匀混合起来,将种子包裹,塑造不同粗糙度的丸化表面,经丸化后,种子自重增加 3～5 倍,单粒抗压强度大于 200 克。植物种子包衣、丸粒化是种子处理的高级形式,可极大地提高种子的综合抗逆性能,可为大规模生态治理的稳步发展提供基础保障。

四、研究方法

（一）室内试验

1. 前期室内驱避剂试验

驱避剂筛选的原则和目标就是所选驱避剂应具有高驱避性,鼠忌食率要达到 75% 以上,对飞播种子发芽和草木无伤害,对草木生长有促进作用,不污染环境,不杀伤鸟、鼠和森林有益生物,对人畜安全。

2. 不同驱避剂急毒性试验

采用皮下注射、口服和体外渗入,人工进行大量驱避剂急毒性试验。

驱避剂种类为碧绿Ⅰ号、碧绿Ⅱ号和对照,每次试验前称小白鼠体重,皮下注射量为 0.1 毫升,口服剂量 0.1 毫升,体外渗入 0.2 毫升,每组试验重复 2 次,观察死亡时间。

3. 驱避效应试验

（1）饲喂试验

实验对象为三趾跳鼠和小白鼠。实验方法是将实验用鼠圈于笼内,饲喂笼体积（长×宽×高）为 40 厘米×40 厘米×30 厘米,每笼一只鼠。饲喂驱避剂种类分成三类,即碧绿Ⅰ号、碧绿Ⅱ号、碧绿Ⅲ号。每类二重复。上述三种驱避剂分别按 1:10、1:20、1:50 比例进行拌种处理,按照 10 克、15 克、20 克投放到鼠笼中,定时投放,定时观测鼠类的进食量及身体反应。

（2）飞播作业区驱避效果观测

观测样地设置在鄂尔多斯市乌审旗陶利乡,2004 年飞播作业区。飞播时间

2004 年 7 月 1 日,飞播面积 5100 亩。采用路线调查法,即选定播区的一条对角线为调查样线,用机械抽样的方法,每隔 5 米设 1 平方米调查样方,调查样方内种子粒数、被侵害粒数,进而统计出总为害率,其值越小,驱避效率越佳。

4. 室内丸化黏合剂试验

试验目的:确定防止植物种子闪芽的丸化处理剂配方。

选用当地盛产,具有驱避鼠害作用的生物胶作为主要胶连物质,进行测试筛选,按加入比例设置分组测试,供测试植物种为柠条、杨柴,加入比例分为 4%(CK1)、8%(CK2)、10%(CK3)、15%(CK4)、20%(CK5)、25%(CK6)、35%(CK7)。以此配制对比丸化剂加工柠条和杨柴。

测试记录两个树种在各种生物胶含量下丸化成品的单粒抗压强度以及模拟自然降水 10 毫米时的崩解速度。根据记录对比确定最佳抗压强度和崩解力(速度)配比下的生物胶含量。

5. 室内丸化增重剂试验

试验目的:调整增重剂比重,使丸化种子表皮厚度达到生产要求。

选择 2～3 种比重较大的中性物质(kw1、kw2、kw3)混合配比,调整比重,根据加工流水线的要求,丸化增重剂比重达到 1.5 ± 0.1 时,种子丸化表皮厚度达到 1～1.5 毫米(3 倍丸化),这样就可均匀分散其他有效添加成分,实现丸化加工目标。

6. 发芽试验

试验目的:确定种子接受处理后未造成药害。

用具有相同质量等级(Ⅱ级)的柠条和杨柴裸种作为对照,观测经包衣丸化后种子的发芽过程(场圃试验)。记录预处理日期、置床日期、开始发芽日期以及发芽势、发芽率。通过数据分析,得出与对照有无明显差异。

(二)室外小区试验

试验目的:对室内试验筛选的结果进行初步验证,试验种子为Ⅱ级精选杨柴。

包衣材料为 2004 年以前推广应用的 CK1。

丸化剂为室内筛选成果。

试验面积:20 米×20 米。

试验沿播区两条对角线方向设样方(每隔 5 米设一个 1 米×1 米样方)调查成

苗、生长状况,并对比分析结果。

（三）飞播应用试验

试验目的:检验成果是否可以推广应用,寻找不足,确定深化研究方向。

试验严格按照飞播作业设计进行,面积5万亩。

（四）推广应用结果

2004年在应用试验的基础上,推广飞播实验100万亩,调查结果发现种子的成苗率较以往年度有大幅度提高,达到25%。播后20日内野外种子保存率达到80%以上,完全达到了预期效果。

五、数据分析

（一）包衣丸化对飞播种子飘移作用分析

通过对飞播作业带两侧设置的接种布样方观测记录表明,当风速在5米/秒、航高为50米、播辐为50米的条件下,丸化种子（大粒种子丸化倍数为3倍,小粒种子丸化倍数为5倍）未发生飘移现象,包衣种子的飘移距离（水平）平均达到25.3米,裸种的飘移距离（水平）高达32.5米,已完全飘移至另外的播带上,造成飞播种子落种的严重不均。因此,丸化处理对降低种子飘移现象具有明显的作用。

（二）丸化生物胶对丸化种子水稳性及崩解性作用结果分析

飞播植物种子包衣丸化处理的最主要的目的之一就是要保证在适当的水分条件下种子能够迅速崩解,种子萌动,要求其具有一定的水稳性,以最大限度地降低飞播种子因"闪芽"现象导致的飞播保存率的降低。

结果证明,利用生物胶对常见飞播植物种进行处理,既能保证飞播种子具有特殊的驱避效应,避免鸟鼠为害,又能保证植物种子发芽时所需的适宜水分和飞播植物种幼苗期对养分的需求。

（三）鼠害种类及为害状况分析

课题组在播区布设样方,捕获鼠类,现场调查解剖发现,鼠的胃容物均含有植物种和幼根,在集中为害区域1196平方米内有45株幼苗被害。

（四）飞播作业区驱避结果分析

在乌审旗陶利播区播后6天,即2004年7月7日对飞播区种子的保存及为害状况进行调查,经驱避剂处理丸化的种子鼠害率远远低于不做任何处理的裸种。

（五）包衣丸化处理对提高飞播林草种子发芽率作用分析

课题组以 2004 年度飞播包衣丸化植物种杨柴和中间锦鸡儿与杨柴和中间锦鸡儿裸种发芽率进行对照，结果显示，与裸种相比，包衣丸化杨柴和中间锦鸡儿种子发芽率提高了，说明包衣丸化后，能够提高种子质量，促进种子发芽。

（六）包衣丸化处理对飞播苗木的生长影响分析

由于包衣丸化过程中添加了吸湿剂、驱避剂和各种营养物质，因而对播后种子的萌动和幼苗生长产生了明显的促进作用。从播后的 15 天飞播幼苗的根系生长和地上部分生长的状况来分析，包衣丸化处理的生长量高于对照。另外，从侧根的数量上看，亦是包衣丸化处理的幼苗多于裸种对照，这对于幼苗扩大营养吸收面积，抵抗风蚀沙埋都有积极的促进作用。

六、研究结果

1. 一是丸化处理提高了种子质量，促进了种子发芽率；二是驱避剂明显起到驱避效果；三是研究出了飞播种子丸化时，适宜的生物胶控制量范围；四是种子经丸化处理后，增加了重量，可以降低种子下落飘移、风蚀位移，提高飞播区的有苗频度和成苗率。

2. 一是种子经丸粒化处理后，用量减少，可降低投资成本，降低飞播费用，经济效益可观；二是飞播林草种子处理技术为今后大规模飞播治沙提供了理论依据，奠定了实践基础；三是为沙区更好治理创造了条件。

鄂尔多斯市飞播林草种子处理配套技术研究，在引进国外自动化林草种子包衣丸化先进设备的基础之上，对飞播固沙常用植物种的种子，从包衣丸化的工艺流程，防止鸟鼠虫为害的驱避剂选择与合理配方比例，到丸化剂中适宜的添加物（诸如吸水剂、各种营养元素胶粒剂）的配比，直至适宜的种子丸化倍数、丸化重量和丸化强度的途径与确定，进行了大量的室内试验与室外飞播造林的效果观测。在此基础上，初步筛选出了适应干旱、半干旱沙区飞播植物种防止鸟鼠为害的驱避剂种类、丸化强度、丸化胶连物，特别是碧绿 II 号和 III 号驱避剂的筛选成功和利用沙区常见野生灌木提炼生物胶作为胶连剂，在解决飞播固沙植物种子的驱避作用、胶化作用以及崩解作用方面取得了重大突破，为全面解决飞播过程中最大也是最关键的技术难题——种子处理技术奠定了理论和实践基础。

第五节　丘陵沟壑区飞播研究试验

一、研究背景

2008 年,鄂尔多斯市立地条件较好的沙区已基本得到治理,但仍有大面积丘陵沟壑区急待绿化,飞播治理丘陵沟壑区是摆在鄂尔多斯林业人面前的一项课题。为了在丘陵沟壑区飞播取得突破,探索出成功的经验与技术,鄂尔多斯开展了黄土丘陵区 2000 亩飞播油松造林试验。油松是我国北方地区分布最广的针叶树种,由于其适应性强,且具有"飞籽成林"的特性,成为北方地区山区首选的飞播造林树种。

二、研究目标

研究试验在鄂尔多斯达拉特旗昭君镇丘陵区的查干沟村进行。研究目标有四个,一是在播区区域上实现突破,飞播造林从沙区向丘陵沟壑区拓展;二是在飞播植物种的配置上实现突破,即由目前的飞播灌草型变为乔灌草结合型;三是在播区播前地面处理上实现突破,找出最佳处理措施,提高出苗率;四是在播种日期上实现突破,找出最佳播种时间。

三、研究方法

气候特点:达拉特旗昭君镇属中温带干旱、半干旱气候区,具有明显的大陆性季风气候特征。全年日照时数 2900～3000 小时,年降水量 200～360 毫米,年平均蒸发量 2800 毫米。年平均气温 7℃,极端最高气温 36℃,极端最低气温 -28℃,全年平均风速 3 米 / 秒,全年 >5 米 / 秒的起沙日数达 65 天,最大瞬间风速达 24 米 / 秒。无霜期 120～135 天。

地形地貌:飞播区位于达拉特旗南部黄土丘陵区,坡度为 15 度左右的平缓宜林荒山坡。

土壤、植被:土壤为硬梁覆沙黄土,主要建群植物种有百里香、本氏针茅、羊草、赖草等,植被盖度 11%。

飞播植物种及播种量:油松是我国三北地区山区飞播造林的主要树种。达拉特旗展旦召苏木青达门枳机塔村有野生侧柏,是达拉特旗乡土树种,在飞播中适量飞播一些侧柏做试验。根据飞播区植被、土壤等条件,选定油松和侧柏为主播树种,柠条、沙棘为伴生树种,播种量为 0.8 斤 / 亩,其中油松 0.2 斤 / 亩、侧柏 0.2 斤 /

亩,柠条 0.3 斤／亩、沙棘 0.1 斤／亩,飞播类型为乔灌草结合型。

播期:11 月上旬。

播前地面处理措施:由于飞播区的土壤板结,飞播的种子不易覆土,为提高土壤保水能力和增加种子触土机会,对播区进行播前地面处理,采取三种措施并进行对比:一是全面划地,用一种长 120 厘米,间隔为 40 厘米平行畜力四划犁,在山坡上沿等高线全面犁沟,深 3～4 厘米,这样既不会造成大面积的水土流失,又可以使种子很好地覆土;二是进行穴状整地,规格为 30 厘米×30 厘米×20 厘米;三是挖鱼鳞坑(横宽 1 米,竖宽 0.8 米,深 0.4 米,垄高 0.3 米)50 亩;四是飞播作业结束后,用磨子将播区地面"磨"一遍,确保种子覆土。飞播后,进行四种措施下飞播植物种出苗率和生长量调查,找出最佳处理措施。

种子处理:对飞播植物种进行分选、净选处理,净度达 95％以上,对柠条、油松等大粒种子进行包衣处理,减少鼠兔鸟害。

飞行作业:见表 9-1 飞行架次组合表。

表 9-1　飞行架次组合表

架次号	航带			每带面积(亩)	树种	种子用量(斤)			本架次播带面积(亩)	每平方米应落种粒数		备注
	带号 带数	带长(千米)	播幅(米)			每亩	每带	每架次装种				
						计	计	计		计	粒数	
1	1～13	2.05	50	154	油松	0.2		400	1600	2000		≥7	
					柠条	0.3		600				≥10	
					侧柏	0.2		400				≥11	
	13				沙棘	0.1		200				≥13	

四、成苗调查

2009 年 6 月中旬,课题组进行了成苗调查。

五、研究结果

2009 年遭遇大旱之年,播区降水极少,成苗调查播区种子未发芽,试验失败。

第十章　鄂尔多斯飞播治沙综合效益评价

第一节　飞播治沙植被生长情况评价

一、飞播治沙任务完成情况

自 1978 年鄂尔多斯地区开始飞播初试至今,共完成飞播治沙任务 1390.16 万亩。其中 1978 年至 1982 年为初试阶段,试验播种共计 2.38 万亩(飞机播种 1.93 万亩,人工模拟飞播即撒播 0.45 万亩),试验地点主要安排在伊金霍洛旗;1983 年至 1987 年为毛乌素沙地中试阶段,飞机试验播种共计 44.56 万亩,主要在伊金霍洛旗、乌审旗、准格尔旗、鄂托克前旗、鄂托克旗和东胜区;1988 年至 1992 年为推广应用阶段,推广范围扩大到了库布其沙漠和丘陵沟壑区,飞播推广面积共计 63.71 万亩(库布其沙漠面积 12.92 万亩,丘陵沟壑区面积 2.9 万亩,毛乌素沙地面积 47.89 万亩);1993 年至 2000 年为初步规模化生产阶段,共实现飞播治沙 267.01 万亩;2000 年至 2010 年为大规模生产阶段,共完成飞播治沙 732 万亩,执行国家重点工程(天然林资源保护工程一期阶段)工程化管理;2011 年至 2021 年依旧执行国家重点工程工程化管理,其中天然林资源保护工程二期共完成飞播治沙 117 万亩,京津风沙源工程二期共完成飞播造林种草治沙 27.5 万亩,京津风沙源飞播牧草建设项目(2016 年至 2019 年)共完成飞机撒播草种 41 万亩,2007 年至 2009 年完成飞机补播牧草 95 万亩。

图 10-1　库布其沙漠飞播前地貌（杜金辉拍摄）

图 10-2　库布其沙漠远沙大沙区飞播成效（闫伟拍摄）

图 10-3　毛乌素沙地飞播前地貌（杜金辉拍摄）

图 10-4　毛乌素沙地飞播区成效（鄂托克前旗林草局提供）

二、飞播治沙植物种类

鄂尔多斯地区飞播初试至今飞播植物种类包括杨柴、花棒、籽蒿、柠条锦鸡儿、中间锦鸡儿、沙打旺、沙米、草木樨、沙拐枣、甘草、层头、油蒿、沙棘、油松、黄刺玫、梭梭等。经过试验筛选，飞播治沙大规模实施阶段稳定使用的植物种类搭配主要有三种，一是杨柴、花棒、籽蒿；二是杨柴、籽蒿、沙打旺；三是杨柴、籽蒿、沙打旺、草木樨。

为改变草场质量、增加飞播区牧草品质，2003 年以前飞播造林种草治沙植物种类多次选用了沙打旺和草木樨,2003 年以后飞播植物种主要是杨柴、花棒和籽蒿。部分植物种只试验飞播过 1~2 次,像沙拐枣、甘草、层头、沙棘、油松、黄刺玫、梭梭等,但是杨柴和籽蒿一直使用至今,是试验和实践选定的飞播治沙植物种。

三、飞播治沙植物演替类型

类型一:飞机播种后,禁牧管护五年,飞播地块植被逐渐演替成以杨柴为优势种的植被群落。少量地块在多年生长中逐渐演替成以花棒为优势种的植被群落,但这种地块占比较少,面积也较小;2003 年以后飞播造林种草成功的播区逐渐演替成以杨柴为优势种,花棒、天然沙柳和柠条等灌木混交的灌木林。以上三种飞播地块是典型的飞播成功地块,达到了飞播造林种草治沙的目的,面积约占全市飞播治沙总面积的 33.8%。

图 10-5 飞播成效(闫伟拍摄)

类型二:飞机播种后,由于管理管护不力,过早让牲畜啃食,飞播目的树种损失严重,保存率低,随着油蒿的大量入侵繁殖,流动沙丘得到固定,但是目的树种保存数量相对较少,最终演替成以油蒿为优势种的群落植被类型。该种地块流动沙丘已经得到治理,实施飞播治沙的目的已经达到,只是植被种类单一,利用价值较低。根据统计,该种地块约占飞播治沙总面积的 29.7%。

类型三:当年飞机播种后,由于持续干旱、风大沙埋、闪芽等自然原因造成飞播失败。该种地块被视为飞播造林失败地块,属无立木林地,没有达到飞播治沙目的,更没有实现目的树种建群,连续 25 年飞播成苗调查结果显示,该种地块面积约占飞播治沙总面积的 36.5%。

第二节　飞播治沙效益评价

一、流动沙丘有效固定

飞播后流动沙丘的固定取决于多个因素,包括沙丘坡度坡位、沙丘高度、原有植被盖度、沙丘类型等。

沈渭寿[1]研究表明,流动沙丘活动最强烈的部位在迎风坡,迎风坡已经固定,整个沙丘就能很快固定,但是迎风坡是飞播植物最难定居的沙丘部位,所以一个流动沙丘能否完全固定,重要的是看飞播植物种能否在沙丘迎风坡定居。

流动沙丘迎风坡坡度的大小直接影响飞播后沙丘的固定程度,风的强度和路径随着地形的变化而变化,风积部位主要在迎风坡的缓坡部位和背风坡脚,随着迎风坡坡度增大,气流断面缩小,产生狭管效应,风蚀带会加宽,沙丘风蚀线下移,风蚀面积增加,沙丘上成苗、保苗面积降低,风蚀线以上沙丘难以固定,继续流动。

周士威[2]等对高大沙丘进行同步风速观测数据表明,流动沙丘高度不同,风力作用由下至上强度差异很大,在迎风坡上,平均风速呈递增趋势,迎风坡下部 1/3 处的风速值稍低于平沙地,1/3 处往上风速值开始大于对照平沙地,沙丘顶部风速值最大,超出平沙地 54%。对高大沙丘而言,下部尚未达到起沙风速时,上部已经达到起沙风速,达到起沙风速便产生风蚀,同时产生风蚀沙的堆积。所以,沙丘越高,丘体上部风沙活动越强烈,飞播种子越容易被吹至背风坡或丘间地等弱风部位,导致种子分布不均匀或沙埋过深,难以发芽成苗,沙丘固定失败。

调查数据表明,当沙丘高度在 5 米以下、沙丘迎风坡坡度小于 5 时,飞播后沙丘迎风坡固定面积可达 80% 以上,整个沙丘均能得以固定;沙丘高度为 10 米、沙丘迎风坡坡度为 10 时,飞播后沙丘迎风坡固定面积约能达到 50%,迎风坡中下部弱风部位能得到固定,中上部位强风区难以固定;当沙丘高度大于 15 米、迎风坡坡度达到 15 时,飞播后沙丘迎风坡固定面积不足 30%,只有迎风坡 1/3 以下区域得到

[1]沈渭寿.毛乌素沙地飞播植被现状与评价[J].中国沙漠,1998(02).
[2]周士威,漆建忠,麻保林等.榆林毛乌素沙地飞播植被对流动沙丘链的逆转作用[J].林业科学研究,1989(02):101-108.

固定。可见,飞播后沙丘的固定程度在很大程度上取决于播区内沙丘自身的实际情况,即沙丘的形态、高度、密度和坡度。

飞播后播区随着植被盖度的增加,沙丘形态也随之改变。当迎风坡杨柴和籽蒿等植被盖度达到 25%时,沙丘形态会由典型新月形逐渐转变为浑圆形状态,迎风坡的坡度变小,并拉长,背风坡的坡长也随之拉长,由原来的新月形沙丘链变为平缓低矮沙丘。

飞播杨柴和籽蒿的播区,播后第二年整个播区向杨柴、籽蒿群落的方向演替,飞播二年后逐渐向以杨柴占优势的趋势发展。杨柴和籽蒿混交群落的播区,其防风范围和地表粗糙度远远高于空旷对照区,五年后播区植被总盖度能达到 60%,植被增加 40%～50%,原流动沙丘被完全固定。

二、飞播后植被盖度增加

飞播治沙是一项快速有效的治沙措施,是沙质荒漠化土地植被恢复与重建的重要途径。

飞播成功后,随着年份的增加,植被盖度也有明显增加。李禾[①]等人对 1983 年、1992 年、1998 年和 2007 年四个年份飞播区植被盖度变化情况进行了调查分析,各年度飞播植被盖度都明显高于对照区的植被盖度,而且植被盖度逐年增加,呈上升趋势,对照区植被盖度比较稳定,变化不大。

图 10-6 库布其沙漠飞播成效(闫伟拍摄)

①李禾,吴波,杨文斌等.毛乌素沙地飞播区植被动态变化研究[J].干旱区资源与环境,2010,24(03):190-194.

飞播后播区不仅植被盖度有明显的变化，植被种群和类型也随着年份的增加而有明显变化。籽蒿作为飞播治沙先锋固沙草种，飞播后前两年，籽蒿成苗率和保存率较高，籽蒿盖度在 15 年内能达到最高值，随后呈现下降趋势，急剧减少，退出群落。沙打旺、草木樨等草本物种也只是在飞播后的前几年出现，起到固沙和改良土壤作用，随后便在植物的竞争中很快退出飞播群落。飞播后杨柴在种群中盖度较低，但随着飞播年限的增加盖度呈上升趋势，特别是第四年和第五年盖度上升趋势较为明显。随后，在飞播地块管理和利用得当的情况下，播区很快会演替成以杨柴为主的群落植被类型，植被组成和盖度进入相对稳定阶段。

油蒿是毛乌素沙地主要建群种，实施飞机播种的播区原有植被中可能分布有油蒿，即使没有油蒿的播区，流动沙丘得以固定后 5—10 年，油蒿会自然入侵到飞播植物群落中。油蒿具有两个重大特性，一是不依赖地下水生长，干旱季节根系横向密集生长，雨季来临植物大量吸水快速生长结实，完成生命周期，短时间高耗水，在群落物种生长和演替过程中，油蒿在利用耕作层土壤水分上占绝对优势；二是油蒿在生长过程中可通过多种方式向生长环境释放化感物质，抑制其他物种的萌发和生长。该两种生理特性导致油蒿群落在植物群落生长演替竞争中逐渐成为顶级、稳定、单一型植被群落。

所以，该时期播区的管理和使用要严格谨慎，若过度放牧，造成牲畜大量啃食杨柴，茎生、萌蘖植株大幅下降，杨柴保存率会下降，种群优势丧失，油蒿便会乘机侵入，很快占领整个播区，演替成以油蒿单一物种的顶级群落植被类型。该种群落类型在鄂尔多斯市面积巨大，毛乌素沙地腹地乌审旗境内油蒿稳定群落就有 400 多万亩，鄂尔多斯市境内约有 2700 万亩，西北和内蒙古西部地区面积达 37500 万亩。

研究表明，飞播后播区杨柴生长成建群优势种，播区管护严格，适当放牧，定期平茬复壮，杨柴会持续保持种群优势，在植被组成和盖度中能一直占绝对比例，且能持续保持下去。即使播区内有油蒿分布、后期有油蒿入侵，也不会演替成以油蒿为优势种的群落植被类型。调查数据显示，入侵油蒿的盖度会随着年限的增加而增加，盖度由 0% 增加到 6% 便趋于稳定，占总盖度的比重能增加到 17%。随后，在正常管护和合理利用下，播区各种植被组成和盖度占比基本进入稳定期。

图 10-7　飞播区与未飞播区对照(闫伟拍摄)

三、飞播后生物种类增加

飞播成功的播区植被种类会有显著增加,早期是飞播植物杨柴、籽蒿、沙打旺、花棒、草木樨等植物种成苗和盖度的增加,流动沙丘固定后,生境条件得到改善,土壤质量得到提升,一年生和多年生的草本也会萌芽生长。

调查数据表明,1998 年以前的播区均有油蒿的入侵,半灌木增加了一种,多年生和一年生草本数量和种类也随着飞播年限的增加而增加,飞播成功播区多年生草本由原来的 6 种增加到 16 种,一年生草本由原来的 4 种增加到 14 种;1983 年飞播的播区,2007 年调查时,多年生草本占到 44.4%,一年生草本占到 38.8%,占群落总植物种的 83.2%。

植被种类的增加会显著提高播区草场质量,增加牲畜饲草选择啃食种类和数量。播区植物种群的变化会逐渐稳定,群落结构也随之发生变化并趋于稳定,先由简单的灌木层发展成为灌木、草本结合的复杂结构,随着草本层的发展,土壤结构发生变化产生结皮,流沙被固定得更加稳固。

随着播区植被种类和数量的增加,可食用生物质和种子增多,狐狸、野兔、野鸡、狗獾、鸟类等多种野生动物也会大量繁衍,地区生物多样性逐年提高,生物链更加闭合、完整、稳定。

图 10-8 飞播区监测拍摄野生动物野鸡(市天然林保护工程科提供)

图 10-9 飞播区监测拍摄野生动物狐狸(市天然林保护工程科提供)

图 10-10　飞播区监测拍摄野生动物獾子(市天然林保护工程科提供)

图 10-11　飞播区监测拍摄野生动物獾子(市天然林保护工程科提供)

四、飞播后土壤质量改善

　　飞播造林种草对沙地生境的改良作用主要表现为地表植被盖度的提高、植物种类的丰富、地表粗糙度增加和风速的明显降低。随着播区植被的恢复,减弱了风沙流动,林内灌草枯枝落叶逐年增多,沙粒活动受到抑制,五年内土壤有机质含量平均能比对照区增加 2.2 倍。地表粗度由飞播前的 0.0283 厘米增加到飞播后的 44.52 厘米;风速明显降低,沙丘高度也普遍降低,一般典型新月形沙丘,丘顶变为圆形,无明显丘脊,五年内可降低 20%～30%。随着植被的增加,播区内还会出现 0.8～1.6 厘米的结皮层,苔藓地衣等地被物明显高于对照区。

对飞播后五年的播区气候因子调查显示,地形、地貌基本一致的播区和对照区,气候因子差异很大。播区内风速降低 10%～45.1%,气温降低 3%～6.4%,蒸发量降低 21.2%～65%,相对湿度增加 3%～6%,地表温度降低 10%。区域小气候的改善以及植被多样性的增加能有效促进播区土壤的正向发育。

飞播后播区沙质土壤理化性质也会发生很大变化。固定后沙丘各部位剖面理化性质分析结果显示,细沙含量均比对照区增加 20%,林地沙土比重为 2.67,孔隙度为 37.1%～45.7%,容重为 1.05%～1.65%,黏粒增加 15%～25%;氮、磷、钾含量均有所增加,缺磷、少氮、富钾的规律有均衡化趋势,土壤矿化度有所提高;固定沙丘的剖面有明显变化,植被根系层土壤结构疏松,质地柔软,颜色为褐色。根系层土壤有机质和腐殖质含量增加 0.04%～0.5%,养分含量增高,碳酸钙积累显著,易溶盐含量增加。

飞播选择的沙打旺、草木樨等能在前几年显著增加优质牧草的单位生物量,提高草牧场质量,有效解决林牧矛盾。飞播的杨柴、柠条等均是豆科类植物种,能有效固定大气氮元素,对土壤有明显的改良作用,使土壤的理化性质向好发育。既能使有机质含量增加以及肥力提高,又能促进一年生或多年生草本植物的定居繁殖,让整体植被群落更加复杂,播区内生物更加多样,生态系统更加稳定。

图 10-12　飞播区杨柴落丛地表腐殖质(王丽娜拍摄)

五、鄂尔多斯地区飞播治沙成绩

自 1978 年至今,鄂尔多斯地区共完成飞播治沙 1390.16 万亩。根据国土"三调"矢量数据,以杨柴、花棒为优势植物种提取图形,重叠所有飞播造林种草小班图,数据显示,全市飞播成林面积约 470 万亩,约占飞播治沙总面积的 33.8%,约占全市森林资源总面积的 18.4%。因管护、利用措施不当,或油蒿入侵繁殖逐渐演替成油蒿单一群落的飞播地块面积约 413 万亩。飞播造林失败或严重自然损失的飞播地块面积约 507.16 万亩,约占飞播治沙总面积的 36.5%。

图 10-13　飞播成效前后对照(鄂托克前旗娜仁拍摄)

从治理沙化土地角度分析，飞机播种后播区植被无论演替成以杨柴、花棒为优势种的灌草型植被群落还是以油蒿为优势种的植被群落，均起到了荒漠化治理和流动沙丘固定的目的。截至目前，全市飞播造林种草直接治理沙化土地面积共计883万亩，占飞播总面积的63.5%，亦可认为直接治理流动沙丘的面积。

从生态建设角度分析，飞播造林种草是一种速度快、范围广、经济、省时省力的粗放式治沙方式，是在特定历史时期和特殊条件下的一种最佳选择，最主要的目的就是治理沙质荒漠化土地，特别是对流动沙丘的治理作出了重大贡献。经过多年的飞播生产，全市飞播成林面积超过470万亩，治理流动沙化面积达到了883万亩，在防沙治沙和生态效益方面作出了重大贡献。

流动沙丘固定后必须考虑森林质量的精准提升。目前实施过的飞播地块森林质量精准提升的地块很多，如乌审旗乌兰陶勒盖作业区，总面积6.8万亩，起初是流动沙地，飞播后杨柴、籽蒿等植被快速生长，植被盖度显著提高，流动沙地得以固定。近些年，乌兰陶勒盖治沙站借助国家重点工程和植被恢复项目，林间种植了樟子松、旱柳、枣树等乔木树种，形成了乔灌草型森林植被类型，森林质量得到很大提升。未来，重点区域重大生态保护和修复中央预算内项目主要以退化林修复和森林质量精准提升为主，新的人工造林任务逐渐缩减，很多地区依靠该项目逐渐开始播区森林质量精准提升工作。

第三节　播区灌木资源健康状况评价

播区灌木林资源健康状况监测评价以国土"三调"与飞播造林地块重合提取的杨柴、花棒为优势植物种的470万亩灌木林资源为底数进行监测评价。

2017年至2021年，鄂尔多斯市天然林资源保护管理局对天保工程营造林项目的实施成效进行了两次核查，同时先后三次开展了项目实施地块的公益林监测评价外业调查工作。本书针对播区外业调查和监测评价进行筛选陈述。

一、外业调查及技术方法

（一）样地布设

外业调查过程中共选定了8个飞播区，分布在杭锦旗、鄂托克旗、鄂托克前旗、乌审旗和伊金霍洛旗。杭锦旗为2012年实施飞播区，主要在七星湖内公路沿线，2个带状播区内各设置 1 个监测点。鄂托克旗为 2004 年飞播区,2 个播区内各设置了 1 个监测点,以杨柴为建群种的播区被公路分成两块,以花棒为建群种的播区位于苏米图庙西边。鄂托克前旗为 2004 年飞播区,2 个播区内各设置 1 个监测点,乌审旗为 2001 年播区,设置 1 个监测点。伊金霍洛旗为 2001 年飞播区,设置 1 个监测点。

图 10-14 乌审旗飞播区生态监测样地设置(王丽娜拍摄)

每个监测点所在的播区内随机设置 2 个监测标准样地,标准样地的规格不等,最小为 15 米×15 米,最大为 30 米×30 米,在每个标准样地中设置 3 个调查样方,调查样方的设置标准不一,有大有小,最小的为 4 米×4 米,最大的为 5 米×10 米,分别给各标准样地设置固定标桩,并记录坐标。相关调查数据、测量数据、实验样品等均在调查样地中调查收集。

(二)调查方法

三次监测外业调查及采样时间均安排在年度的 9—10 月完成。

1. 分别在筛选的监测点所在的林班调查生态种类、特有物种、入侵物种、区域小生态系统种类及数量、群落外观表象、土壤类型、水土流失量情况、群落结构、植被组成、水分条件、有效积温、林木长势及林相。

2. 分别在设置的监测样地中调查测定郁闭度(盖度)、植被高度、冠幅、优势种年生长高度、风速、光合速率、温度、湿度、主要植物种频度、坡位、坡向、坡度、成土母岩、维管束植物种类、动物种类、根蘖数、死亡株数、苔藓地衣覆盖度等指标。

3.分别在布设的调查样方中采集耕作层土样、植被样,并测定样方植被总生物量、当年嫩枝长度、土壤厚度、土壤肥力、腐殖质厚度等指标。

4.询问并记录当地年降水量、森林受灾情况、公益林补偿资金发放情况、农牧户经济收入、生活水平以及林业相关产业经营收益等相关元素的数据。

5.采集设置样方中植被样、土壤样带回实验室测定相关含水量、营养成分、生理生化等指标。

(三)实验方法

2018年原鄂尔多斯市天然林资源保护管理局将采集的植被样和土壤样统一送至内蒙古自治区林业科学研究院实验室进行了集中测定。

1.测定指标

监测点:查看并记录人为干扰强度、病虫害程度、火灾等;

样方:光合速率、优势树种高度、腐殖质厚度、土层厚度、土壤含水量、生物量(或年生物量增量)、土壤 pH 值;

土样:单位重量的有机质、全氮、全磷、全钾、速效磷、速效钾、速效氮;

植被样:单位重量的有机质、总硫、全氮、全磷、全钾、含水量;

风速:便携式气象站。

2.测定方法

土壤有机质:重铬酸钾法,执行 NY/T 1121.6—2006 标准;

土壤全氮:高氯酸－硫酸消化法,凯氏定氮仪蒸馏测定;

土壤全磷:高氯酸－硫酸消化法,分光光度计比色测定;

土壤全钾:氢氟酸－高氯酸消化法,原子吸收仪测定;

植物全氮:高氯酸－硫酸消化法,凯氏定氮仪蒸馏测定;

植物全磷:高氯酸－硫酸消化法,分光光度计比色测定;

植物全钾:氢氟酸－高氯酸消化法,原子吸收仪测定;

植物硫:硝酸－高氯酸消煮－硫酸钡比浊法测定;

植物碳:重铬酸钾法测定;

植物蛋白质:高氯酸－硫酸消化法,凯氏定氮仪蒸馏测定;

速效氮:凯氏定氮法;

速效钾:原子吸收火焰法;

速效磷:比色法。

(四)数据处理

应用SAS分析软件进行试验数据的分析,采用Excel 2007软件进行数据分析。

二、播区管护效果评价

(一)林地管护效果

2000年国家天然林资源保护工程正式启动,鄂尔多斯全境纳入天保工程区内,国家级公益林和地方公益林均在天保工程森林管护实施范围内。所以,每个飞播造林地块均有专职护林员或农牧民护林员进行日常管护。

调查的8个飞播区中,鄂托克旗8号播区存在中度放牧情况。乌审旗4号播区常年禁牧,管护严格,2—3年平茬收割一次,杨柴生长旺盛,萌生较多,盖度较高。杭锦旗5号和6号小班在七星湖沙区内,基本没有放牧,管护效果很好,属混交林,分布有杨柴、柠条、沙柳和零星杨树,植被长势旺盛、林相很好。剩余监测播区有轻度放牧现象,但不影响植被正常生长,多年未平茬复壮,特别是鄂托克前旗两块播区,存在油蒿入侵迹象,亟待平茬复壮,保持以杨柴为优势种的灌草群落。

项目实施单位对天然林资源保护工程聘用的护林员每人都划定了管护责任区,年底进行统一考核,管理严格,管护效果较好。

图10-15　鄂托克前旗飞播区(纳贡达来拍摄)

（二）火灾、病虫害灾害

三次外业调查中，在全市 8 个播区内均未发现火灾情况，但是鄂托克前旗 1 号、2 号播区和鄂托克旗 7 号播区，飞播实施年限较长，以杨柴为优势种的群落植被类型持续生长了多年，开展平茬复壮和地面清理工作次数较少，干枯植株、枯枝落叶、腐殖质等较多，存在较大的火灾隐患。

调查过程中基本没有发现病虫害问题，1 号、2 号、3 号、5 号、6 号监测点所在的播区属混交林，植被种类丰富，抗病虫害能力较强。4 号监测点所在播区，每年农牧户都进行平茬收割，播区内没有病虫害问题。7 号监测点所在播区，植被种类少，生物种类单一，存在大面积发生病虫害的风险。8 号监测点所在播区放牧较为严重，需加强禁牧管理。

调查期间 8 个播区均未发现风、雪、冻、水灾等自然灾害。

三、播区森林结构评价

森林结构评价指标主要包括群落结构和植被组成。

（一）群落结构

使用灌木林群落结构较为常用的划分标准，对调查的 8 个播区群落结构的完整性进行划分评价。群落结构划分结果详见表 10-1。

表 10-1　群落结构划分结果

监测点（小班）	划分标准	等级	得分	备注
1 号	灌木层、草本层、地被物层	完整结构	50	
2 号	灌木层、草本层、地被物层	完整结构	50	
3 号	灌木层、草本层、地被物层	完整结构	50	
4 号	灌木层、草本层、地被物层	较完整结构	40	
5 号	灌木层、草本层、地被物盖度在 5%	简单结构	30	
6 号	乔木层、草本层、地被物盖度在 5%	简单结构	30	
7 号	灌木层、草本层、地被物层	完整结构	50	
8 号	灌木层、草本层、地被物层	完整结构	50	
综合评价		较完整结构	43.75	

5号、6号监测点所在播区,虽然树种较多,也零星分布一些乔木,但播区位于库布其沙漠北缘,降水量较小,苔藓地衣等地被物相对较少,所以在群落结构划分上定级为简单结构;4号监测点所在的播区,杨柴群落中苔藓地衣以及枯落物相对较少,主要与持续不间断的平茬收割和人为机械的干扰有关系,定级为较完整机构。综合评价8个监测点所在播区,综合评分为43.75,鄂尔多斯市飞播成功播区群落结构综合定级为较完整结构。

(二)播区植被组成评价

1号、2号、3号监测点所在的播区,杨柴为优势树种,分布有天然沙柳、柠条和一定数量的人工花棒,还零星分布有杨树和旱柳,一年生和多年生草本植被较多,林间空地有油蒿入侵迹象,植被组成完整、生物多样性复杂,植被组成评定为Ⅰ级。4号监测点所在播区,小班块状分布有旱柳林、沙柳林、柠条林、草滩、水洼等,是典型的块状混交林,植被组成评定为Ⅰ级。5号、6号监测点所在的播区分布有沙柳、柠条和杨柴,零星分布有杨树和樟子松,是典型流动沙丘经飞播固定后森林质量精准提升的地块,但是苔藓地衣分布少,植被组成评定为Ⅱ级。7号监测点所在播区,以杨柴为主,分布有少量油蒿和花棒,植被种类单一,生物种类单一,植被组成评定为Ⅲ级。8号监测点是以花棒为优势种,杨柴、柠条等均有分布,植被组成评定为Ⅱ级。

综合评价8个播区,植被组成结构划分等级为Ⅱ级。详见表10-2。

表 10-2 植被组成结构划分结果

监测点(小班)	划分标准	等级	得分	备注
1号	零星乔木、多种灌木、8种以上草本、地衣苔藓多	Ⅰ	50	
2号	零星乔木、多种灌木、8种以上草本、地衣苔藓多	Ⅰ	50	
3号	乔木分布、多种灌木、8种以上草本、地衣苔藓多	Ⅰ	50	
4号	块状乔木、多种灌木、8种以上草本、地衣苔藓多	Ⅰ	50	
5号	零星乔木、多种灌木、8种以上草本、地衣苔藓少	Ⅱ	40	
6号	零星乔木、多种灌木、8种以上草本、地衣苔藓少	Ⅱ	40	
7号	3种以下灌木、1~7种草本、地衣苔藓多	Ⅲ	30	
8号	多种灌木、1~7种草本、地衣苔藓多	Ⅱ	40	
综合评价		Ⅱ	40	

图 10-16　飞播成效（娜仁拍摄）

图 10-17　飞播成效（娜仁拍摄）

四、播区立地质量等级评价

立地质量是林木正常生长的保障，评价因子主要有坡位、坡度、成土母岩、土壤厚度和腐殖质厚度。设定五个主要评定因子权重总和为 100 分。各因素均有阶梯性赋值，五项主要立地质量评定因子得分相加为小班的总得分，总得分≥90 分为 Ⅰ级、70～89 分为 Ⅱ级、50～69 分为Ⅲ级、≤50 分为Ⅳ级。详见表 10-3。

表 10-3　各监测点立地质量等级评定结果

监测点	坡位		坡度		成土母岩		土壤厚度		腐殖质厚度		总得分	评定等级
	类型	分值	类型	分值	类型	分值	厚度	分值	厚度	分值		
1 号	下部	20	缓坡	9	砂岩	13	45cm	20	2.0cm	25	87	Ⅱ
2 号	平底	17	平坡	10	砂岩	13	60cm	20	1.8cm	20	80	Ⅱ
3 号	中下部	18	缓坡	9	砂岩	13	60cm	20	0.6cm	20	80	Ⅱ
4 号	上部	10	斜坡	7	砂岩	13	50cm	20	1.4cm	20	70	Ⅱ
5 号	中部	16	陡坡	5	砂岩	13	80cm	25	0.3cm	15	74	Ⅱ
6 号	上部	10	平坡	10	砂岩	13	80cm	25	0.4cm	15	73	Ⅱ
7 号	中上部	14	缓坡	9	砂岩	13	50cm	20	1.2cm	20	76	Ⅱ
8 号	中部	16	平坡	10	砂岩	13	50cm	20	1.2cm	20	79	Ⅱ
全市		15.1		8.6		13		21.3		19.3	77.4	Ⅱ

注:以上土壤厚度和腐殖质厚度系每个监测点六个样方的平均值。

8 个监测点所在的播区立地质量平均总得分为 77.4 分,等级评定为Ⅱ级。

五、播区林木长势及林相

(一)小班因子调查

外业调查中分别对监测点中设置的监测样地的林木长势、起源、郁闭度（盖度）、优势树种高度、单位生物量、当年嫩枝长度、单位面积幼苗萌蘖数、土壤类型、腐殖质厚度、地衣苔藓生长情况、维管束植物种类数量、动物种类等因子进行详细的调查清数。详见表 10-4。

(二)林木长势及林相

1 号、2 号、4 号、5 号、6 号和 7 号监测点所在的播区,优势树种杨柴长势旺盛,但是 1 号、2 号和 7 号播区多年没有平茬和清理,林地内枯死株较多,整体林相外观较差。3 号监测点杨柴长势较差,主要是沙柳、柠条和杨树分布较多,一定程度上影响了杨柴的生长,沙柳、柠条均是 40 年左右的人工林,分布的杨树也有 40 年的树龄,整体播区老化严重,长势一般,林相较差。

表 10-4 各监测点植被等因子调查结果

因 子	监 测 点							
	1 号	2 号	3 号	4 号	5 号	6 号	7 号	8 号
小班面积	5000 亩	3800 亩	460 亩	380 亩	5000 亩	3000 亩	1000 亩	600 亩
土地权属	集体	集体	集体	国有	集体	集体	集体	集体
立地类型	固定沙地	固定沙地	固定沙地	滩地覆沙	固定沙地	固定沙地	固定沙地	软梁地
地类	灌木林地	灌木林地	灌木林地	灌木林地	灌木林地	灌木林地	灌木林地	灌木林地
优势树种	杨柴	杨柴	杨柴	杨柴	花棒	杨柴	杨柴	花棒
林种	防护林	防护林	防护林	防护林	防护林	防护林	防护林	防护林
起源	飞播	飞播	飞播	飞播	飞播	飞播	飞播	飞播
郁闭度(盖度)	72%	58%	40%	89%	41.7%	38%	60%	55%
植被长势	优	优	良	优	优	优	优	良
平均高度	1.20m	1.18m	1.4m	0.82m	0.99m	1.17m	0.9m	1.6m
单位生物量	240g/m²	190g/m²	247g/m²	146.3g/m²	112g/m²	119g/m²	208g/m²	220g/m²
当年嫩枝长	25cm	24cm	20cm	28cm	26.7cm	19cm	18cm	17cm
单位幼苗数	0.7/m²	0.2/m²	0	0.5/m²	0.06/m²	0.13/m²	0.3/m²	0.16/m²
土壤类型	风沙土	风沙土	风沙土	风沙土	风沙土	风沙土	风沙土	风沙土
土壤厚度	45cm	60cm	60cm	50cm	80cm	80cm	50cm	50cm
腐殖质厚度	2.0cm	1.8cm	0.6cm	1.4cm	0.3cm	0.4cm	1.2cm	1.2cm
苔藓地衣覆盖度	33%	38%	34%	15%	4%	5%	35%	26%
维管束植物种类	22 种	23 种	29 种	36 种	10 种	10 种	8 种	14 种
动物种类	24 种	34 种	20 种	27 种	18 种	15 种	20 种	20 种
生态种类	4	5	4	7	4	4	6	6
特有物种	0	0	0	0	0	0	0	0
入侵物种	0	0	0	0	0	0	0	0
外观表象	良	良	良	优	优	优	良	良
备注	亟待平茬		平茬利用		乔灌混交		亟待平茬	
	动植物种类均是监测样地中数到的种类数							

六、播区森林健康状况综合评价

综合分析播区森林结构、受灾程度、林木长势林相、立地质量等构成因素的优劣等级,能较为准确地评定出播区森林的健康状况。健康标准核定为健康、较健康、亚健康、不健康。

表 10-5　健康状况综合评定结果

监测点	灾害情况				立地质量等级	森林结构		森林表象		综合评价
	火灾	病虫害	放牧	其他		群落结构	植被结构	长势	林相	
1 号	无	无	轻度	无	II	完整结构	I	优	良	健康
2 号	无	无	轻度	无	II	完整结构	I	优	良	健康
3 号	无	无	轻度	无	II	完整结构	I	良	良	较健康
4 号	无	无	无	无	II	较完整结构	I	优	优	健康
5 号	无	无	无	无	II	简单结构	II	优	优	健康
6 号	无	无	无	无	II	简单结构	II	优	优	健康
7 号	无	无	轻度	无	II	完整结构	III	优	良	健康
8 号	无	无	重度	无	II	完整结构	II	良	良	较健康
综合评定	无	轻度	轻度	无	II	良 +		良 +		健康

综合评定监测点所在的 8 个飞播区内灌木林资源的森林健康状况为健康。详见表 10-5。

筛选的 8 个监测点所在播区是 2001 年、2004 年和库布其沙漠 2012 年实施的飞播治沙任务,播区立地条件相对当前飞播地块要好得多,播区流动沙丘固定后,4号、5 号、6 号播区均开展了森林质量精准提升,种植了旱柳、沙柳、樟子松、杨树等树种,除 7 号和 8 号播区外均演替成了有零星乔木分布的灌草型植被类型,整体植被生长较为稳定。但是 1 号、2 号、3 号、7 号和 8 号播区植被亟待平茬复壮,而且 1号和 2 号播区存在一定林间空地,油蒿入侵已经开始,应该加强人工干预,促进播区植被类型继续向以杨柴为优势种的优质方向发展。

第四节　播区灌木资源生态效益评价

一、实验数据

近年来,鄂尔多斯市天然林保护工程管理局在国家级公益林森林生态效益监测评价工作中,委托内蒙古林业科学研究院对不同树种的公益林土壤的有机质、全氮、全磷、全钾和植被样的碳、全氮、全磷、全钾、全硫、蛋白质等指标进行测定。其中播区监测点测定了 7 个。测定结果摘录如下,见表 10-6、表 10-7。

表 10-6 不同播区土壤样品营养成分含量表

监测点	有机质 g/kg	全氮 g/kg	全磷 g/kg	全钾 g/kg
1 号	2.3738	0.2504	0.3968	20.9857
2 号	1.2002	0.1589	0.3582	17.5294
4 号	0.6807	0.2192	0.6551	19.5555
5 号	未测定	0.2366	0.2728	21.8783
6 号	未测定	0.3559	0.3771	21.8110
7 号	5.0076	0.2375	0.5460	18.8881
8 号	6.6736	0.4321	0.6093	20.7233
均值	2.2765	0.2701	0.4593	20.1959

表 10-7 不同播区植被样品营养成分含量表

监测点	全碳 g/kg	全氮 g/kg	全磷 g/kg	全钾 g/kg	全硫 mg/kg	蛋白质 mg/kg
1 号	440.3946	15.5574	2.0085	32.0992	3.1455	97.2339
2 号	459.4673	17.2198	1.2305	7.6639	3.1474	107.6238
4 号	480.1388	11.5654	1.3077	10.0122	2.7934	72.2838
5 号	未测定	8.274	1.6286	26.857	1.9822	未测定
6 号	未测定	11.1989	2.2003	16.898	2.3584	未测定
7 号	475.9360	11.4534	1.0158	10.9030	2.5899	71.5839
8 号	469.8264	12.6776	1.3555	11.9623	3.2867	79.2349
均值	332.2519	12.5638	1.5352	16.6279	2.7576	61.1371

采集测定样品分两年进行送样测定,因当时项目资金紧张,第二次测定样品的部分指标没有测定。

二、防风固沙效益

鄂尔多斯地区飞播造林种草直接治理流动沙化土地面积共约 883 万亩。防风固沙生态效益价值按照该直接治理流沙面积核算。

播区植被能有效降低沙区风速,减少沙粒移动,但是目前,森林对降低风速的生态效益价值尚没有市场等价核算的研究成果和相关公式。所以,飞播治沙的防风固沙效益仅从固沙方面进行评价。

有研究表明,西北地区不同季节土壤风蚀量差异较大,春季、夏季、秋季、冬季土壤风蚀量比例为5.42:1.00:1.36:3.00;植被盖度与风蚀模数呈负相关,植被盖度越大,土壤风蚀模数越低,植被盖度达到75%可有效抑制土壤风蚀。

根据《内蒙古春季土壤风蚀监测信息》,2010—2012年,以连续三年春季土壤风蚀测定数据计算,鄂尔多斯地区春季平均土壤风蚀厚度为1.375厘米,按照春季、夏季、秋季、冬季土壤风蚀量比例,可计算出全年风蚀土壤风蚀厚度为2.73厘米。

风蚀主要土壤类型是风沙土和栗钙土,风沙土和栗钙土的单位质量分别是1.58克/立方厘米和1.9克/立方厘米,根据监测点的土壤类型和性质,平均风蚀土壤1.74克/立方厘米进行核算。再根据监测点植被和苔藓地衣平均总盖度均大于80%,播区内基本没有土壤风蚀现象,可计算出播区与裸露土地相对比,平均降低风蚀量为47.5千克/平方米,全市883万亩飞播治沙区每年能减少风蚀土壤2.80×10^8吨。根据中国削减粉尘的平均单位治理成本为170元/吨,可计算出全市飞播治沙成功的播区每年降低沙尘的市场替代效益价值为475.6亿元。

当前国家对降减沙尘的单位治理成本尚无标准的单价,削减粉尘的平均单位治理成本肯定比降减沙尘的平均单位治理成本要高。所以,市场替代推算的降低沙尘效益价值可能高于实际价值。

三、固碳释氧效益

森林中绿色植物利用叶绿素等光合色素,在可见光的照射下,将二氧化碳和水转化为有机物,并释放出氧气,该过程是森林植被光合作用过程,也是碳汇的过程。

森林植被吸收大气中的二氧化碳并将其固定在植被或土壤中,减少在大气中二氧化碳的浓度的同时有效增加大气中氧气的浓度,整个过程自然成就了森林的固碳释氧效益,积累汇集成巨大森林碳库。

森林碳库是陆地生态系统中最大的碳库,在降低大气中温室气体浓度、减缓全球气候变暖中,具有十分重要的作用。森林碳库包括地上生物量、地下生物量、枯落物、枯死木和土壤有机质。

鄂尔多斯地区飞播治沙地块固碳释氧生态效益价值评价,只筛选飞播治沙造林成功地块,面积共计470万亩。评价碳库主要是地上生物量。

监测的32个样方植物生物量均值为185.3克/平方米(地上部分)。根据植物光合作用机理（$CO_2+H_2O→(CH_2O)+O_2$，反应条件：光能和叶绿体）以及植物代谢规律推算，每制造 1 吨森林生物量，可释放氧气 1.19 吨，同化空气中的二氧化碳 1.63 吨，相当于固碳 0.44 吨。依据此规律可计算出同化二氧化碳和释放氧气的量。

再根据《中国生物多样性国情研究报告》使用瑞典的碳税率 150 美元／吨（美元与人民币汇率按照 7 元（2022 年 11 月汇率）核算，折合人民币 1050 元／吨）和中国工业生产氧气的价格 400 元／吨推算出固碳释氧的生态效益市场价值。

$$O_2=MJ×1.19 \qquad O_2=6.9×10^5 吨$$

$$CO_2=MJ×1.63 \qquad CO_2=9.5×10^5 吨$$

$$C=MJ×0.44 \qquad C=2.6×10^5 吨$$

$$V=Vo+Vc=6.9×10^5 吨×400 元／吨 +2.6×10^5 吨×1050 元／吨$$

$$V=54900 万元$$

根据生物量推算，鄂尔多斯地区飞播治沙成林的森林总储碳量为 $2.6×10^5$ 吨，总释氧量为 $6.9×10^5$ 吨，吸收二氧化碳总量为 $9.5×10^5$ 吨，生态效益总价值为 54900 万元。

四、保土增肥效益

按照《内蒙古自治区人民政府通告水土流失重点预防区和重点治理区划定成果》，鄂尔多斯全境均在水土流失重点治理区内，是国家重点水土保持工程实施地区。

随着生态建设以及水保部门的综合治理，地区风蚀已经显著减轻，水蚀已经基本得到控制。水土侵蚀模数与地表植被覆盖率呈负相关，每平方千米地表植被盖度每提高一个百分点，每年水土侵蚀模数会降低约 82 吨，每年每平方米折算为 0.082 千克。

近些年，随着林间郁闭度的增加和枯枝落叶层的增厚，地表径流显著降低，调查的 8 个监测点所在的播区内植被平均盖度为 80.5%，可计算出 470 万亩飞播成林播区每年平均减少水土侵蚀量为 $2.1×10^7$ 吨。因为植被演替成油蒿单一群落的播区，没有进行植被盖度的调查，所以没有进行水土侵蚀量的核算，所以飞播对地区水土侵蚀量的实际数值要绝对高于 $2.1×10^7$ 吨。

森林保土增肥效益价值定为减少土壤流失和减少养分流失价值之和，我们可以利用市场价值等量计算法核算森林保土增肥效益价值。

《中国水利年鉴》平均水库库容造价为 2.7 元／立方米，折算为目前库容造价为 6.11 元／立方米。

V_L=6.11 元 / 立方米×2.1×10^7 吨÷1.74 吨 / 立方米

V_L=7374 万元

鄂尔多斯地区飞播治沙成林的播区能减少水土流失效益价值市场替代核算值为 7374 万元。

全市 883 万亩飞播治沙区每年能减少风蚀土壤 2.8×10^8 吨，飞播成林播区每年平均减少水土侵蚀量为 2.1×10^7 吨。治沙成功的播区平均每年减少风蚀和水土流失土壤总量 3.01×10^8 吨。

试验测定 7 个监测点(送样测定的监测点中只有 7 个播区的数据，足够代表播区土壤全氮、全磷、全钾含量情况)的 21 个监测样方土样中全氮、全磷、全钾的平均含量分别为 0.2701 克 / 千克、0.4593 克 / 千克、20.1959 克 / 千克。见表 10-6。

在化肥尿素、过磷酸钙和氯化钾中纯氮、磷、钾的含量为 46.66%、15.27%、60%。当前市场上尿素为 3000 元 / 吨，过磷酸钙为 800 元 / 吨，氯化钾为 4900 元 / 吨，经测算结果如下：

V_f=5089190 万元

$V=V_L+V_f$=7374 万元 +5089190 万元

V=5096564 万元

本次核算评价了风蚀土壤模数和水土流失模数保土效益价值，全市飞播治沙成功播区内保土增肥效益市场等量价值为 509.6564 亿元，效益价值显著。

五、净化环境效益

2019 年在蒙西和棋盘井城区周边空气中 SO_2 年平均浓度为 11 微克 / 立方米，但在本次选取的 8 个监测点空气中未检测出 SO_2 气体。采用 GB/T 17776—1999 国标硝酸镁法对 7 个监测点的 21 个样方植被进行了硫含量的测定，平均硫含量为 2.7576 毫克 / 千克。从而可计算出 470 万亩成林播区总固硫量 8644.8 千克，根据 SO_2 分子量可计算出吸收 SO_2 总量为 17289.6 千克。根据中国削减 SO_2 的平均治理费用为 1.26 元 / 千克（2014 年），可计算出国家级公益林削减 SO_2 的生态效益价值。公式如下：

V_h=17289.6 千克×1.26 元 / 千克

V_h=2.2 万元

播区多年累计削减 SO_2 总生态效益价值为 2.2 万元。现今鄂尔多斯地区公益林净化环境效益价值评价的指标选择较为单一,随着检测评价体系的逐步健全,应当相应增加检测评价因子。

六、积累营养物质效益

植被积累营养物质主要表现在植物生长过程中储存了大量的有机氮、磷、钾,年复一年枯枝落叶归还到土壤后,经菌类腐蚀分解,慢慢变成土壤耕作层的有机质,增加土壤肥力,改良土壤结构。积累营养物质效益评价主要侧重于有机氮、磷、钾归还土壤肥力的价值。21 个监测样方植被样中氮、磷、钾的含量分别为 12.5638 克 / 千克、1.5352 克 / 千克、16.6279 克 / 千克,见表 10-7。

在化肥尿素、过磷酸钙和氯化钾中纯氮、磷、钾的含量为 46.66%、15.27%、60%。当前市场上尿素为 3000 元 / 吨,过磷酸钙为 800 元 / 吨,氯化钾为 4900 元 / 吨。经测算结果如下:

$$V_j = 4692 \text{ 万元} + 59 \text{ 万元} + 42570 \text{ 万元}$$

$$V_j = 47321 \text{ 万元}$$

飞播成林的地块积累营养物质折合肥料市场效益总价值为 47321 万元。

七、保护生物多样性效益

根据《中华人民共和国国家环境保护标准区域生物多样性评价标准》(HJ623—2011)文件制定的有关标准进行公益林林区内生物多样性评价。首先根据"标准"提供的归一化系数和各项指标的权重核算出归一化后各指标的丰富度,再进一步核算出区域内生物多样性指数 BI。

表 10-8　生物多样性划分标准

生物多样性等级	多样性指数	生物多样性状况
高	$BI \geqslant 60$	物种高度丰富,特有属、种多,生态系统丰富多样
中	$30 \leqslant BI < 60$	物种较丰富,特有属、种较多,生态系统类型较多,局部区域生物多样性高度丰富
一般	$20 \leqslant BI < 30$	物种较少,特有属、种不多,局部区域生物多样性较丰富,但生物多样性总体水平一般
低	$BI < 20$	物种贫乏,生态系统类型单一、脆弱,生物多样性极低

公式如下：

$$BI=R_V\times0.2+R_P\times0.2+D_E\times0.2+E_D\times0.2+R_r\times0.1+(100-E_r)\times0.1$$

式中：R_V——为归一化后野生动物丰富度；

　　　R_P——为归一化后维管束植物丰富度；

　　　D_E——为归一化后生态系统类型多样性；

　　　E_D——为归一化后物种特有性；

　　　R_r——为归一化后受威胁物种的丰富度；

　　　E_r——为归一化后外来物种入侵度。

再根据生物多样性状况分级，了解生物多样性状况。标准分级表见表10-8。

经实地调查，8个监测点生物多样性丰富度调查结果和归一化处理后各项评价指标丰富度以及生物多样性指数见表10-9。

表10-9　物种多样性丰富度调查结果及归一化处理后物种多样性丰富度结果

指　标	1号	2号	3号	4号	5号	6号	7号	8号
归一化维管束植物丰富度	0.69	0.56	0.65	0.98	0.27	0.27	0.55	0.55
归一化动物丰富度	0.67	0.94	2.52	4.25	2.83	2.36	3.15	3.15
归一化生态系统类型	2.42	1.61	3.23	3.23	3.23	3.23	4.84	4.84
物种特有性	0.00	0.00	0.00	0.00	0.00	0.00	0.00	0.00
受威胁物种丰富度	0.00	0.00	0.00	0.00	0.00	0.00	0.00	0.00
入侵物种丰富度	0.00	0.00	0.00	0.00	0.00	0.00	0.00	0.00
生物多样性指数BI	10.76	10.62	11.28	11.69	11.27	11.17	11.71	11.71
平均生物多样性指数BI	11.28							

根据"国标"提供的归一化系数和各项指标的权重核算出归一化后各指标的丰富度，再进一步核算出公益林平均化生物多样性指数BI。计算如下：

$$BI=R_V\times0.2+R_P\times0.2+D_E\times0.2+E_D\times0.2+R_r\times0.1+(100-E_r)\times0.1$$

$$BI=11.28$$

再根据生物多样性状况分级标准，8个监测点所在小班范围内生物多样性指数BI<20，说明监测点所在的飞播区维管束植物种类、野生动物种类贫乏，生态系统类型单一、脆弱，生物多样性指数极低。

评价分析的生物多样性指数数值较低，主要是外业调查时只针对调查样地中看到的维管束植物种类和动物种类进行了统计，地区实际维管束植物种类和动物种类要高于实际调查统计的种类数。按照文献记载资料统计数据分析，毛乌素沙地的生物多样性指数 BI 能达到 40 左右，生物多样性等级能达到中度，物种较丰富，存在特有属、种，生态系统类型较多，局部区域生物多样性高度丰富。

全球社会对保护我国森林资源的支付意愿为 112 美元／公顷（折合人民币47.8 元／亩）。以此计算，全市飞播成林的播区生物多样性生态价值为 22466 万元。

第五节　飞播治沙经济效益评价

飞播在鄂尔多斯地区表现出显著的治沙效果，有效改变了当地生态环境脆弱的状况，同时也促进了沙区经济的快速发展，为沙区农牧民脱贫致富提供了物质保障。由于飞播速度快、范围广、易形成规模化效益等优势，在农牧业发展上具有显著效益，对当地农牧民收入有很大影响。

一、飞播促进了牧草业经济的发展

1998 年伊克昭盟林业处飞播站，对累计 8 年飞播造林治沙 154.95 万亩飞播区的经济效益进行调查分析。首先播区景观发生了明显变化，无论原地貌是流动沙丘还是沙化退化的草场，都已经被郁郁葱葱的杨柴、籽蒿和沙打旺覆盖，不毛之地变成了优良草牧场。大面积的飞播治沙产生了显著的经济效益，播区累计收割饲草7.5 亿千克，产值大约 6024.13 万元，累计采收植物种子 39.2 万千克，价值达1251.6 万元，经济效益达 6359.7 万元，年增经济效益达 794.9 万元，仅牧草和种子的直接经济效益达 7275.7 万元，投入产出比为 1:7.13。

二、飞播提高了沙区农牧户经济收益

飞播造林治沙起步阶段，国家对飞播项目投入不足，农牧户需要承担部分种子和飞机租用费，在劳动力不足的情况下还要承担雇用工人的费用，飞播后牧民经济负担会加重，沙区只有富裕的农牧户才有能力参加飞播。随着飞播治沙的发展，国家对飞播治沙项目的投入标准逐渐提高，农牧民个人承担费用的问题也随之解决。

2007 年北京林业大学对毛乌素沙地和库布其沙漠 131 个农牧户进行调查分析。收集统计了 2006 年 131 户农产品收入、林产品收入、畜牧业收入、自主经营收

入、出租草场收入、参加飞播、封育、退耕等项目的收入,以及 6 项与飞播相关项目补贴收入,通过比较分析,飞播户 2006 年平均年总收入 26559.87 元,未执行飞播户的年均总收入为 23136.69 元,飞播户平均收入高出 3423.18 元,优势明显。

由于播区内饲草数量的增加,放养牲畜不需要或很少补贴饲料,有效降低了养殖成本。飞播区内还可以收获打草和打籽的收益,增加一定的经济收入,进而使农牧民的生活水平也有了较大改善。

此外,随着流动沙丘的固定,家园周边风沙逐渐减弱,沙进人退的威胁得到遏制,农牧民生活环境得到明显改善。

三、飞播推动了沙区畜牧业发展

飞播后三年,随着播区植被盖度的增加,可食用生物资源的丰富,牧户会根据实际状况调整存栏量,逐步实现从无到有、从少到多的转变。播区土地上产出的草料数量和质量的提高使得草场载畜量提高,同时牲畜的品质和重量也随之提高。飞播后八年,牲畜出栏时间仍然保持在三年左右,但存栏数量的变化情况较为复杂,因为存栏数量受到多种因素的共同影响,但是总的趋势是上升的。

从收入上看,飞播效益在短期内对农牧户经济收入的影响并不是很明显,因为飞播后植被需要一定生长期才能将沙地固定下来,进而变成适合放牧的草场,所以飞播效益更明显地存在于对农牧民长期的影响。飞播五年以上,沙地基本固定,植被增多,生态环境趋于改善和稳定,农牧户抵御自然灾害的能力有所增强,饲草料供给也相对充足,不仅可以保障基本固定的存栏数量,牲畜个体产毛量和产肉量也有所增长,收入相对稳定。

第六节 飞播治沙社会效益评价

飞播治沙的成功对改善鄂尔多斯地区生态发挥了巨大的促进作用。为实现鄂尔多斯地区的生态环境,由严重恶化向整体遏制、局部好转的历史性转变作出了重大贡献。

飞播治沙项目的实施确保了鄂尔多斯地区林业生态建设成效,改善了农村牧区生产及生活条件,促进了农村牧区经济发展,围绕沙产业、草产业的迅速发展,极大地推动了农村牧区人口布局和产业结构调整,广大农村牧区的小城镇正在兴起,人口向城镇转移,劳动力向二、三产业转移,为建设社会主义新农村作出了应有的贡献。

由于实施了飞播治沙工程,通过改善生态环境,改善人居环境,使沙漠地区老百姓不再忍受以沙为伴、以沙为患的痛苦生活,使他们的生活逐渐富裕起来。

在实施飞播治沙、沙漠生态治理过程中,飞播区的经营管理和开发利用,已与当地农牧民结成紧密的利益共同体,通过农牧民"五荒地"使用权入股、返租倒包和一次性补偿的形式,陆续整合了大量的荒漠土地,通过大规模林草药材集约化、规模化种植,使荒漠变成了绿洲,为沙漠生态产业化创造了优越环境。

飞播治沙改变了鄂尔多斯的生态环境,现已开始巧妙地利用沙漠、沙地自然风光和生态建设成果,开展旅游项目。例如库布其沙漠利用形似北斗星的七星湖,打造了沙漠七星湖景区,创建了国家沙漠公园旅游区。

毛乌素沙地分布着亚洲最大的沙地峡谷"萨拉乌苏大峡谷"。浩瀚的毛乌素沙地被峡谷横刀斩开,萨拉乌苏河依峡傍谷而行,沙水相连,营造出金沙、绿树、碧水、蓝天融于一峡的独特景观。萨拉乌苏大峡谷是天然形成的原始景观,而且景观资源珍稀、独特,世所罕见,具有不可替代的重要价值。为了永久性保护这一全人类的自然遗产,现已建成国家级公园,以生态环境、自然资源保护和适度旅游开发为基本策略,可以做到资源的可持续利用。

附录

鄂尔多斯市飞播治沙历年获奖奖状

　　1991年，飞播林实验区建设研究项目获伊克昭盟科学技术进步二等奖。获奖单位：伊克昭盟林业治沙科学研究所，颁奖单位：伊克昭盟科学技术进步奖评审委员会。

　　1992年，飞播造林技术应用推广项目获1991年度内蒙古自治区农牧业丰收计划三等奖。获奖单位：伊克昭盟林业治沙科学研究所，颁奖单位：内蒙古自治区农牧业丰收奖评审委员会。

　　1994年，飞机播种造林获1993年度内蒙古自治区飞机播种造林成绩优异奖。获奖单位：伊克昭盟林业处，颁奖单位：内蒙古自治区林业局。

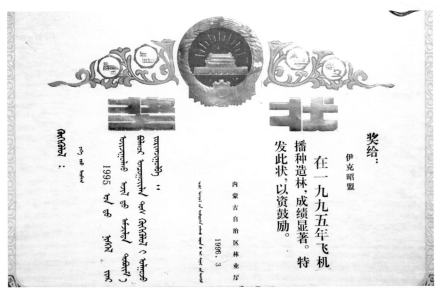

　　1996 年，飞机播种造林获 1995 年度内蒙古自治区飞机播种造林奖。获奖单位：伊克昭盟林业局，颁奖单位：内蒙古自治区林业厅。

　　1996 年，在全国飞播造林四十周年纪念大会上，被授予全国飞机播种造林先进单位荣誉称号。获奖单位：伊克昭盟治沙造林飞播工作站，颁奖单位：中华人民共和国林业部、计划委员会、财政部、中国民航总局、中国人民解放军空军。

　　1997 年，飞机播种造林获 1996 年度内蒙古自治区飞机播种造林奖。获奖单位：伊克昭盟林业局，颁奖单位：内蒙古自治区林业厅。

　　1998 年，飞机播种造林获 1997 年度内蒙古自治区飞机播种造林奖。获奖单位：伊克昭盟林业局，颁奖单位：内蒙古自治区林业厅。

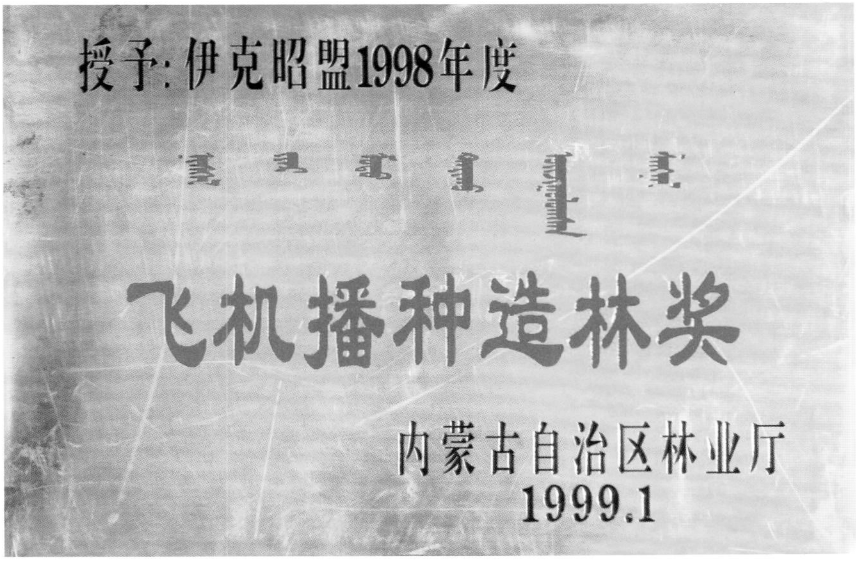

授予：伊克昭盟1998年度
飞机播种造林奖
内蒙古自治区林业厅
1999.1

　　1999年，飞机播种造林获1998年度内蒙古自治区飞机播种造林奖。获奖单位：伊克昭盟林业局，颁奖单位：内蒙古自治区林业厅。

授予：伊克昭盟一九九九年度
飞播造林奖
内蒙古自治区林业厅
2000.1

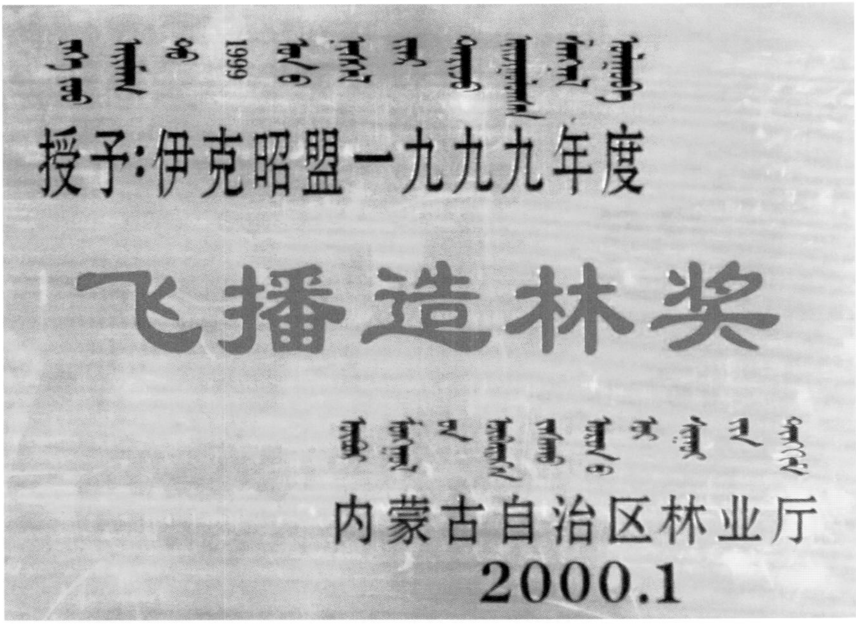

　　2000年，飞播造林获1999年度内蒙古自治区飞机播种造林奖。获奖单位：伊克昭盟林业局，颁奖单位：内蒙古自治区林业厅。

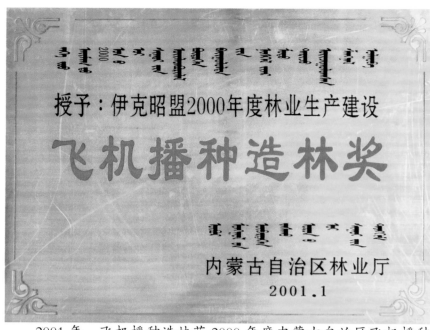

　　2001年，飞机播种造林获2000年度内蒙古自治区飞机播种造林奖。获奖单位:伊克昭盟林业局,颁奖单位:内蒙古自治区林业厅。

　　2002年，飞机播种造林获2001年度内蒙古自治区飞机播种造林奖。获奖单位:鄂尔多斯市林业局,颁奖单位:内蒙古自治区林业厅。

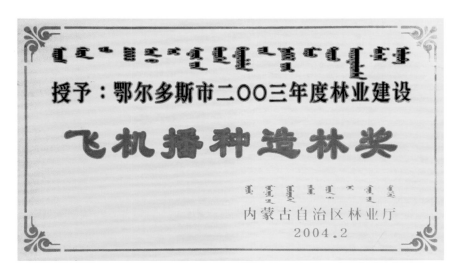

　　2004 年，飞机播种造林获 2003 年度内蒙古自治区飞机播种造林奖。获奖单位：鄂尔多斯市林业局，颁奖单位：内蒙古自治区林业厅。

　　2005 年，飞机播种造林获 2004 年度内蒙古自治区飞机播种造林奖。获奖单位：鄂尔多斯市林业局，颁奖单位：内蒙古自治区林业厅。

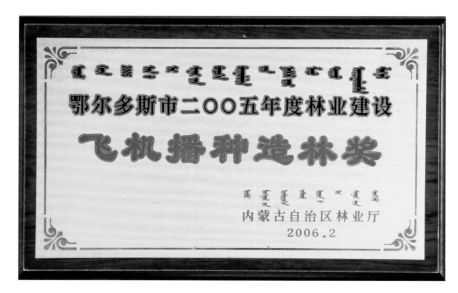

　　2006年，飞机播种造林获2005年度内蒙古自治区飞机播种造林奖。获奖单位：鄂尔多斯市林业局，颁奖单位：内蒙古自治区林业厅。

鄂尔多斯飞播治沙植物中文拉丁文名称对照表

油松	*Pinus tabuleaformis* Carr.
家榆(榆树)	*Ulmus pumila* L.
沙拐枣(蒙古沙拐枣)	*Calligonum mongolicum* Turcz.
梭梭(琐琐)	*Haloxylon ammodendron* (C. A. Mey.) Bunge
沙冬青	*Ammopiptanthus mongolicus* (Maxim.) Cheng f.
紫穗槐	*Amorpha fruticosa* L.
塔落岩黄芪(杨柴、羊柴、踏郎)	*Hedysarum laeve* Maxim.
柠条锦鸡儿(大白柠条、白柠条)	*Caragana korshinskii* Kom.
中间锦鸡儿(柠条)	*Caragana intermedia* Kuang et H. C. Fu
细枝岩黄芪(花棒)	*Hedysarum scoparium* Fisch. et Mey.
中国沙棘(沙棘、酸刺)	*Hippophae rhamnoides* L. subsp. *sinensis* Rousi
单瓣黄刺玫(黄刺玫、马茹茹)	*Rosa xanthina* Lindl. f. *normalis* Rehd.et Wils.
白沙蒿(籽蒿)	*Artemisia sphaerocephala* Krasch
沙打旺(直立黄芪)	*Astragalus adsurgens* Pall cv.'shadawang'
黑沙蒿(沙蒿、油蒿)	*Artemisia ordosica* Krasch.
草木樨	*Melilotus suaveolens* ledeb.
草木樨状黄芪(层头、草木樨状紫云英)	*Astragalus melilotoides* Pall.
紫花苜蓿(苜蓿)	*Medicago sativa* L.
甘草	*Glycyrrhiza uralensis* Fisch.

沙蓬(沙米)   *Agriophyllum pungens* (vahi) Link ex A.Dietr

达乌里胡枝子(兴安胡枝子)   *Lespedeza davurica* (Laxm.) Schindl.

绳虫实(绵蓬)   *Corispermum declinatum* Steph. *ex Stev.*

苦豆子   *Sophora alopecuroides* L.

大麻(麻子)   *Cannabis sativa* L.

参 考 文 献

（按章节顺序排列）

[1]李学林,叶梦云.论邓小平飞播造林及其对中国当代林业的影响[J].攀枝花学院学报,2017.

[2]李国雷,刘勇,郭蓓,等.我国飞播造林研究进展[J].世界林业研究,2006（06）.

[3]李发重.新疆1984年飞播牧草24.6万亩[J].中国草原与牧草,1985（02）：29.

[4]余志立.国内外飞播造林概况[J].陕西林业科技,1991（02）：14-15.

[5]汪登社,李学利.飞播造林是加快生态环境建设的有效途径[J].中国林业,2007（06）：40-41.

[6]王涛．我国沙漠化研究的若干问题—3．沙漠化研究和防治的重点区域[J]．中国沙漠,2004．24(1)：1-8.

[7]王涛,朱震达,赵哈林．我国沙漠化研究的若干问题—4．沙漠化的防治战略与途径[J]．中国沙漠,2004,24(2)：115-122.

[8]董光荣,吴波,慈龙骏,等．我国荒漠化现状、成因与防治对策[J]．中国沙漠,1999,19(4)：318-332.

[9]韩磊.防沙治沙国家规划施行与土壤沙漠化国内外先进技术及相关法规标准应用[M].北京:中国社会出版社,2011.

[10]杨根生,吕荣.内蒙古伊克昭盟地区沙质荒漠化与综合治理技术[M].北京:中国环境科学出版社,1998.

[11]王家祥.内蒙古防沙治沙通鉴[M].呼和浩特:内蒙古人民出版社,2017（08）.

[12]云丽斌.浅谈内蒙古自治区飞播造林的几种方式[J].内蒙古林业调查设

计,2001(03):25-27.

[13]王蕴忠,马玉明.内蒙古伊克昭盟毛乌素沙地飞播固沙植物试验[J].中国沙漠,1983(01):40-45.

[14]王蕴忠,刘和平,齐振邦,等.伊克昭盟飞机播种造林治理毛乌素、库布其沙漠(地)成效及评价[J].内蒙古林业科技,1998(04):6-17.

[15]王蕴忠.伊克昭盟毛乌素沙地飞播效益及其分析[J].北京林学院学报,1983(03):18-25.

[16]金珂丞.湖南省启动难造林地无人机精准飞播造林试点[J].林业与生态,2018(06):48

[17]朱宇童.无人机飞播推进"机器换人"[J].中国农资,2021(24):15.

[18]蒙琳.飞播造林撒下绿色希望[N].云南日报,2022-06-14(008).

[19] 刘和平.GPS图示导航在飞播造林中的应用 [J]. 内蒙古科技林业,1998(01):40-41.

[20]陈书斌.飞播中GPS数据设计的新方法研究[J].科技信息,2009(23):377-378.

[21]《中国飞播造林四十年》编委会编.中国飞播造林四十年[M].北京:中国林业出版社,1998.

[22]漆建忠.中国飞播治沙[M].北京:科学出版社,1998.

[23]朱俊凤.中国飞播治沙四十年[M].北京:中国林业出版社,1998.

[24]常秀云. 加快飞播造林步伐,改善北京周边地区生态状况[J]. 林业资源管理,2003(6):45-48.

[25]沈渭寿.毛乌素沙地飞播植被现状与评价[J].中国沙漠,1998(02).

[26]沈渭寿.毛乌素沙地主要飞播植物种群的消长动态[J].植物生态学报,1997(04):33-39.

[27]沈渭寿.毛乌素流动沙地飞播后沙丘的固定过程[J].土壤侵蚀与水土保持学报,1996(01):17-21.

[28]王蕴忠,孙和国.飞播区开发与利用途径的研究[J].内蒙古林业科技,1998(04).

[29]周士威,漆建忠,麻保林,等.榆林毛乌素沙地飞播植被对流动沙丘链的逆转作用[J].林业科学研究,1989(02):101-108.

[30]李禾,吴波,杨文斌,等.毛乌素沙地飞播区植被动态变化研究[J].干旱区资源与环境,2010,24(03):190-194.